ちくま新書

脳の誕生

——発生・発達・進化の謎を解く

大隅典子
Osumi Noriko

1297

脳の誕生——発生・発達・進化の謎を解く【目次】

Ⅱ　脳の「発達」——出生から成人まで（20年）

はじめに

我々はどこから来たのか
我々は何者か
我々はどこに行くのか

この問いはフランスの画家ポール・ゴーギャンの書いた畢竟《ひっきょう》の大作の題名ですが、人類にとっての根源的な問いと言えるでしょう。筆者は、この「我々」を「脳」に置き換えた問いについて日々、考えています。

脳はどのようにして出来上がったのか
脳はどのように働いているのか
脳はこれからも変化していくのだろうか

ヒトの脳は容積で約1480ccあります。重さにして1350～1450グラム程度、500ミリリットルのペットボトル3本分より少し軽い、というくらいですね。色はやや白っぽく、表面には胡桃《くるみ》のような皺《しわ》があり、硬さとしては木綿豆腐が近いかもしれません。

この脳の働きによって、私たちは好きなように体を動かしたり、喜んだり悲しんだり、本を読んだり勉強したりすることができます。では、私たちの頭の中に入っているこの脳という臓器は、命の始まりであるたった1個の受精卵という細胞から、どのように出来上がっていったのでしょう。あるいは、46億年の地球の歴史の中で、脳はいつ頃から出現したのでしょう。

脳についての一般書はたくさんありますが、脳がどのようにしてできるかについて書かれたものはほとんどありません。筆者は「スピード・変化・自由」が好きで研究の世界に入り、時間軸に沿って変化する現象、すなわち発生や進化に興味を抱いています。本書では、脳の誕生について、四次元でダイナミックに変わる脳の発生発達と進化の魅力を皆さんに伝えたいと思います。

このような捉え方は、オランダの動物行動学者ニコ・ティンバーゲンが提唱した「4つのなぜ」を考えると理解しやすいでしょう。ティンバーゲンは「生物がなぜある機能をも

	機能	プロセス
至近	メカニズム	個体発生
究極	適　応	系統発生（進化）

図0-1：ティンバーゲンによる「生物がなぜある機能を持つのか？」に基づく4つの分類

つのか？」という疑問について、4つの分類を提唱しました（図0-1）。脳についての本の多くは、「生物学の4つのなぜ」のうち、機能面における至近要因に関係した「メカニズム」について扱っています。あるいは究極要因としての「適応」に着目し社会心理学的側面に重きを置いた書籍も多いと思います。これに対し、本書が注目しているのは、時間軸に沿ったプロセスです。つまり、至近要因に関係する「個体発生」と、究極要因に関係する「系統発生（進化）」を対象としているのです。

第Ⅰ部は、たった1個の細胞である受精卵からどのように神経組織が作られ、脳の枠組みが出来上がるか、神経機能の担い手であるニューロンがどのようにして作られるかについて扱います（「発生」ステージ）。第Ⅱ部は、さらにニューロンがどのように突起を伸ばし、つなぎ合わされて神経回路が作られて大人の脳になっていくか、その際、ニューロン以外の脳の細胞がどのように関わるかについて紹介します（「発達」ステージ）。さらに第Ⅲ部では、長い進化の過程においてどのように神経組織が変わってきたか、ヒトの脳へ至る道筋について語ります（「進化」ステージ）。

†「脳科学」事始め

そもそも古代の人びとはどのように脳のことを捉えていたのでしょうか。

脳についてのもっとも古い記載は、紀元前3000年代のパピルス文書に認められるといいます。当時のエジプト人は、頭頸部の外傷を観察し、四肢などの運動制御と脳が関係することを見出していました。ただし、古代エジプト人は、知性や感情は脳ではなく心臓に宿ると考えていたようです。

下って、ギリシア時代のアルクマイオンは、心や感情を司るのは脳であると考えました。アルクマイオンは南イタリアの生まれです。現在の地中海地方の農民や漁師が動物の脳や眼球を食べる習慣があることから、当時もそうだったと推測されます。もしかしたら、脳が心や感覚にとって重要であるということについて、現代人よりも直感的に捉えていたのかもしれません。ともあれ、ヒポクラテスが「医学の祖」であるとすれば、「脳科学の祖」という称号は、アルクマイオンにこそ相応《ふさわ》しいといえるでしょう。

ヒポクラテスはアルクマイオンの説を受け入れていましたが、一世紀後に活躍したアリストテレスは、心は脳ではなく心臓に宿ると考えました。さらに、紀元2世紀ローマの医師であったガレノスは、アリストテレス哲学の信奉者でありつつも、理性的な心が脳、とくに「脳室」に宿るという説を唱えました。

北ヨーロッパにアルクマイオンの説が届いたのは、はるか千年後のことでした。ルネッサンスの洗礼を受けて、実証的方法を重視する近代的な科学思想が形成され、17世紀には、デカルト、スピノザ、ライプニッツらの哲学者が心と脳の問題を扱うようになります。

†脳は身体の一部

当時のオランダでは、人体について知るために死体の「解剖」がさかんに行われていました。その様子は、レンブラント・ハルメンス・ファン・レインの代表作の一つに数えられる『テュルプ博士の解剖学講義』（1632年、油彩、マウリッツハイス美術館蔵）や、『ヨアン・デイマン博士の解剖学講義』（1656年、油彩、アムステルダム王立美術館蔵）に描かれています。この絵は、火災により大半が焼失してしまったのですが、幸い、腹部の切開・解剖を終え、頭部の切開にとりかかる博士と遺体の部分が残りました。ちょうど、脳を包む膜が、助手の手により切り開かれようとしています。

脳を取り囲んでいる膜は「髄膜」と呼ばれ、3層構造をしており、外側から硬膜、くも膜、軟膜という名前が付いています。脳出血の際、「くも膜下出血」などの診断名によっ

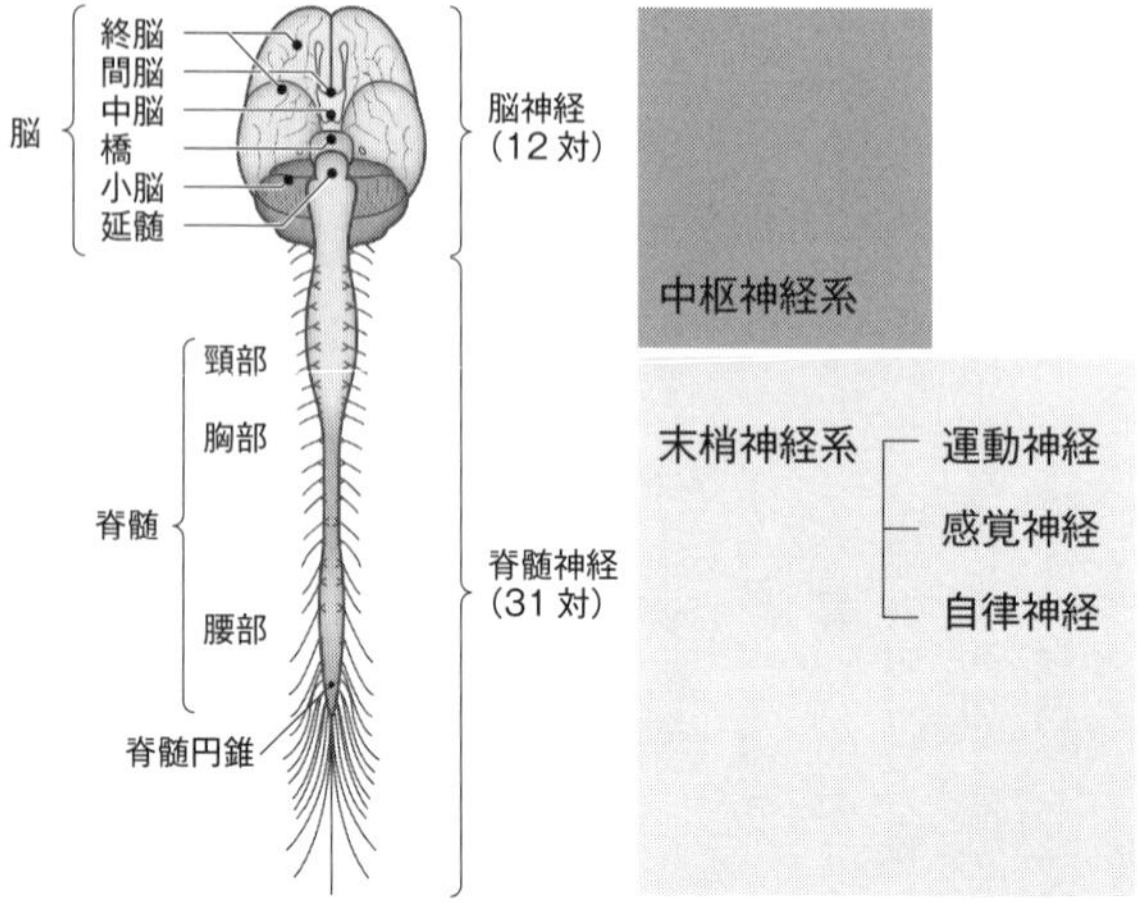

図０-２：中枢神経系と末梢神経系

て、ご存じの方もいらっしゃるかと思います。デイマン博士の解剖学講義の絵では、脳を包む膜が赤っぽく塗られています。これは、髄膜の中にも血管が張り巡らされているからです。血管はもちろん脳の中にもたくさんあって、脳の細胞に酸素や栄養素を供給しています。

　このようにして脳は全身と繋《つな》がっており、脳は身体の一部といえます。生きている私たちの脳は、コンピュータのような無機物ではなく、生物《なまもの》なのです。

†脳・神経系の概略

　ここで簡単に概略を説明しておきましょう。脳・神経系は、まず大きく中枢神経系と末梢神経系に分かれます（図０-２）。

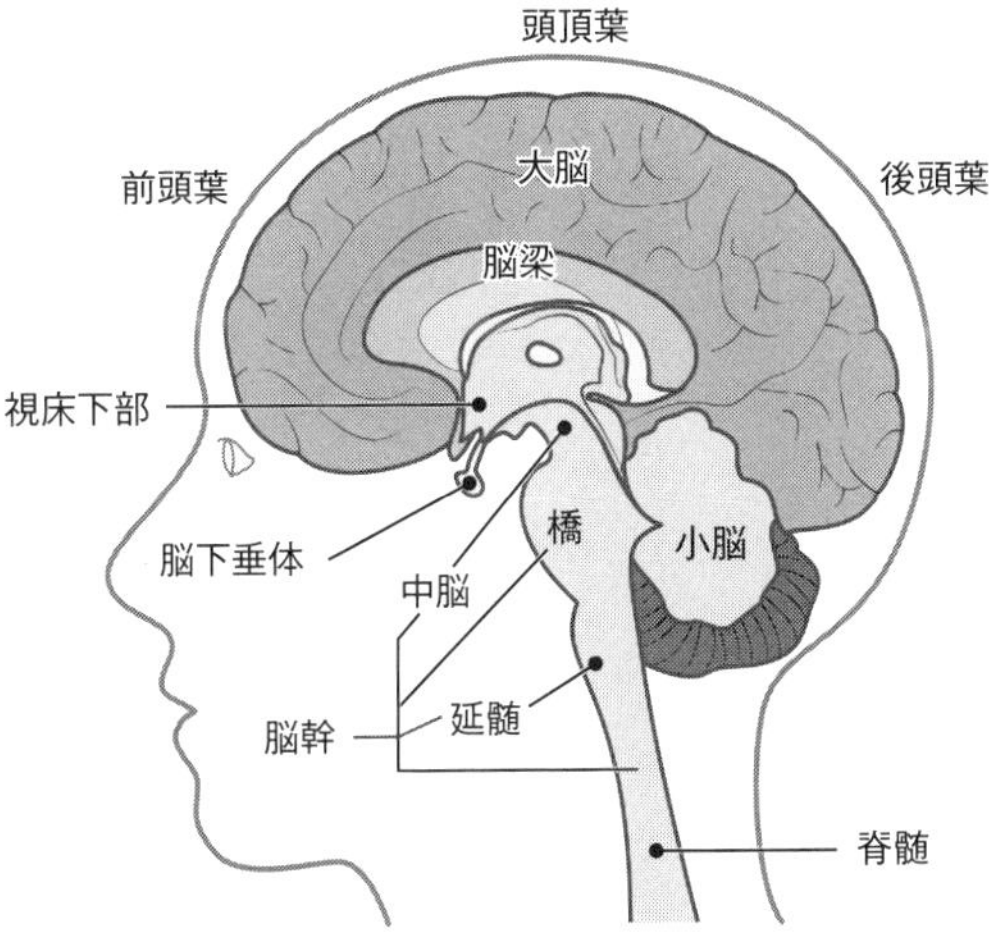

図0-3：脳の部位

中枢神経系はひとつながりの脳と脊髄から成り立ちます（なぜひとつながりなのかは、実はもともとが「管」だったからなのですが、この後でお話しします）。

末梢神経系は中枢神経系から外に伸び出した神経で、12対の「脳神経」と31対の「脊髄神経」から主に成り立ちます。脳神経と脊髄神経には運動神経と感覚神経の成分が含まれており、さらにこの図には示されていない「自律神経系」として、交感神経と副交感神経もあります。運動神経系と知覚神経系を合わせて「体性神経系」と言う場合もあります。

ヒトの脳は大きな大脳が特徴です

（図0－3）。大脳と、それより小さな小脳の内側には脳幹部があって、視床、視床下部、中脳、延髄などが収められています。脳の内側には脳室という空間があります。これは、もともと「管」であった名残りなのです。

アルクマイオンもガレノスも、脳室は空洞で、そこに「気」のようなものが蓄えられていると思っていましたが、実際には脳脊髄液で満たされています。ヒトで発達している大脳は、さらに視覚野、運動野、感覚野、連合野、というふうに機能によって部位の役割分担があります。後の章で、詳しく見ていくことにしましょう。

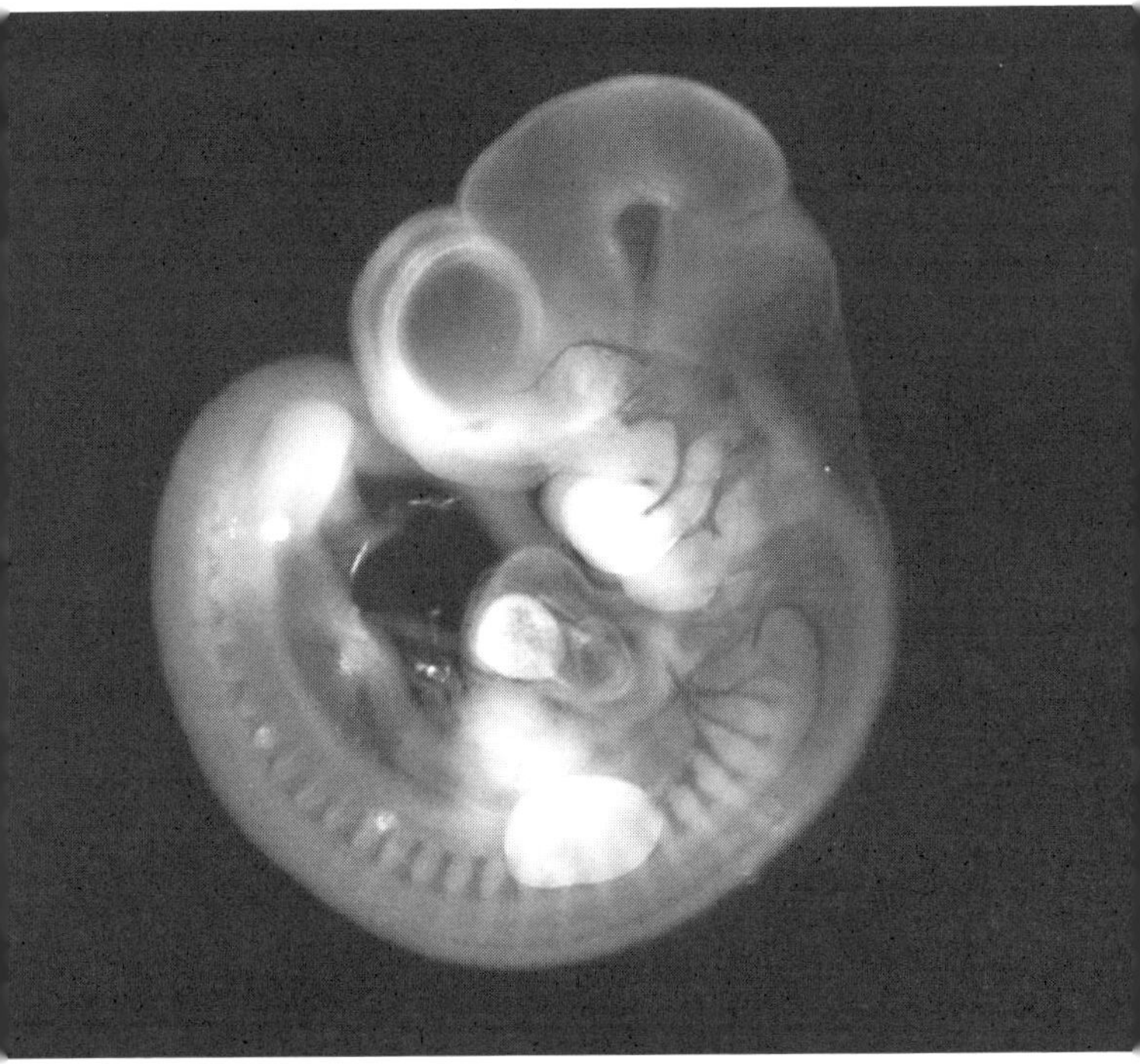

I 脳の「発生」——胎児期(30週)

ラットの胎仔(受精後12日)

第Ⅰ部ではまず、脳の誕生、すなわち脳がどのようにしてつくられるのか、個体の発生の時間スケール、すなわちヒトであれば約9カ月のドラマについてお話ししましょう。

第１章

脳を構成する細胞の世界

脳の発生そのものの話に入る前に、本章では基礎知識として、脳を構成する細胞から見ていきたいと思います。よくご存じの方は、おなじみの話は飛ばして頂いて結構です。さらに本章の最後では、第Ⅲ部にも関係することとして、脳とアブラの関係について触れておきます。

†脳の中の細胞たち

体全体の細胞数は最近の研究から約37兆個と見積もられていますが、脳の中には約８００億から１０００億個もの神経細胞（ニューロン）が存在すると考えられています。これは筆者が数えた訳ではないのですが、たいていの教科書にはそう書いてあります。ニューロンはこれからお話しするように、さまざまな神経活動を行う主役です（図１‐１）。

ニューロンの分類の仕方はいろいろありますが、大きく分けて、大脳には興奮性のニュ

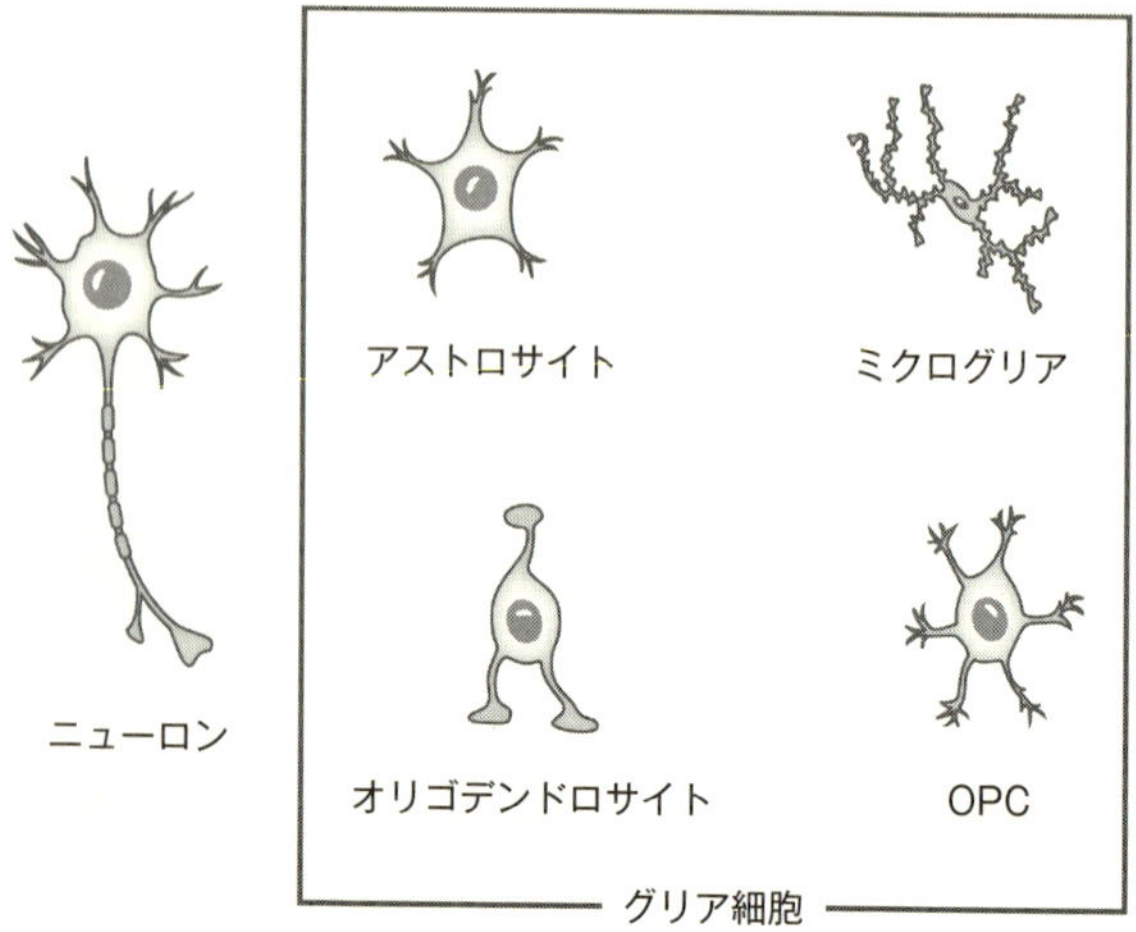

図1－1：脳の中の細胞たち

ーロンが約8割あり、抑制性のニューロンが約2割あります。抑制性のニューロンは「介在ニューロン」と呼ばれることもありますが、興奮性ニューロンの仲立ちとして神経伝達の細かい調節を行う大事な役者です。つまり経済で言うところの「パレートの法則（80：20の法則）」が当てはまり、2割の抑制性ニューロンが8割の興奮性ニューロンを支配しているような具合です。

実は、脳の中にはニューロン以外にも多種類の細胞があり、それらはグリア（glia）細胞（神経膠《こう》細胞）と総称されています（図1－1）。この名前は「膠《にかわ》のようにニューロンの隙間を埋めている細胞」に由来します。膠というのは、つまり「糊」（glue）ですね。

グリア細胞には、アストロサイト（星状膠《こう》細胞）、オリゴデンドロサイト（希《き》突起《とっき》膠《こう》細胞）、ミクログリア（小膠《しょうこう》細胞）の3種があります。近年は、オリゴデンドロサイトの前駆細胞（OPC）も、第4のグリアとして着目されています。最近の研究から、グリア系の細胞はニューロンと同程度の数があることが分かり、脇役とは片付けられない重要な細胞たちです。霊長類の中でもとくにヒトにおいて、このようなグリア系の細胞が増えたり、その形が複雑化した意義については第Ⅲ部で触れます。

このように脳の中には多様な細胞が多数存在するので、「脳＝ニューロンが構築した回路」というイメージは、やや単純化しすぎていると筆者は考えます。

†神経伝達を行うニューロン

ニューロンも「細胞」なので、その基本構造を備えています。例えば、遺伝情報を担うデオキシリボ核酸（DNA）は「核」と言われる球形の区画に詰め込まれており、細胞の周囲は「細胞膜」で覆われています。これはどの細胞にも共通です。

ただし、ニューロンは「神経伝達」を行う細胞として非常に特殊化しています（図1－2）。例えば、「樹状《じゅじょう》突起」と呼ばれる突起が細胞体の周囲に張り出され、この部分で「入力信号」を受け取り、「軸索《じくさく》」と呼ばれる長いケーブル状の突起を介して、次のニュー

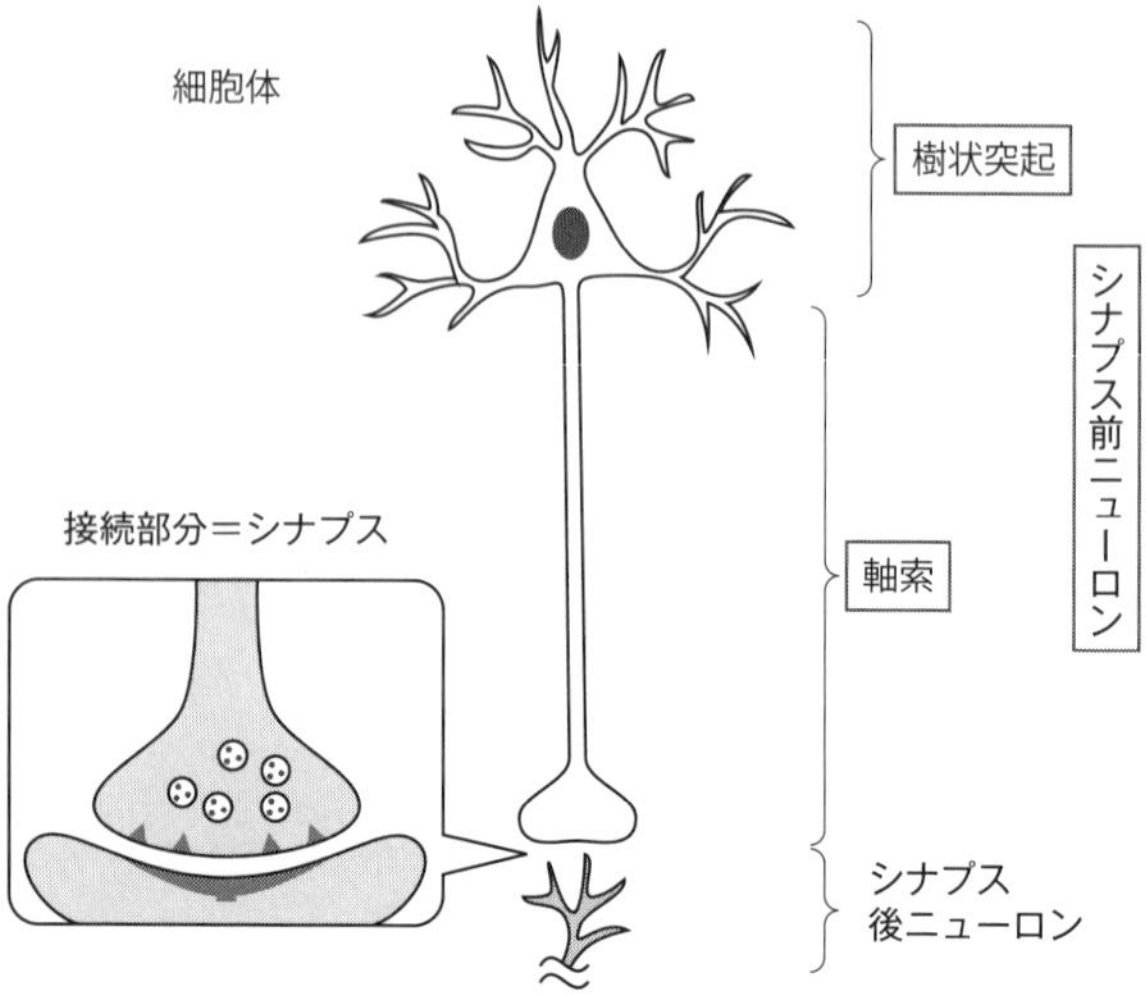

図1-2：ニューロンとシナプスの構造

ロンへと「出力信号」を送ります。次のニューロンと接する部分は「シナプス」と呼ばれる特殊な構造となっています。

ニューロンは刺激を受けると「発火」し、電気的な信号を伝えるようになります。1個のニューロンは、例えば足の筋肉を動かすニューロンのように長いものであれば、細胞体のある脊髄から端まで1メートルもの軸索を持ちますが、この中を電気的な信号が素速く伝わります。信号が軸索の端まで到達し、シナプスにおいて隣のニューロンに伝わる際には、この電気的信号が一旦、化学的な信号に変換されます。

この「化学信号」は「神経伝達物

名称	作用
グルタミン酸	興奮性、記憶
GABA	抑制性、鎮静
アセチルコリン	興奮性、注意、集中
ドパミン	興奮性、快感、注意、意欲、動機づけ
セロトニン	抑制性、睡眠、覚醒、食欲、精神安定

図1－3：主要な神経伝達物質の種類

質」という名前で総称されます。具体的には、グルタミン酸、γアミノ酪酸（GABA）、ドパミン、セロトニンといった名前が付いていて、どこかで耳にされたこともあるでしょう。これらの神経伝達物質は、それぞれ特定の「受容体」に結合することによって、異なる働きをすることが知られています（図1－3）。したがって、ニューロンは、その形態や発火パターンや神経伝達物質の種類によって、きわめて多数の種類があります。このような多様性が複雑な神経機能の基礎となっているのです。

†シナプスとはどのような構造なのか？

では、そもそも「シナプス」という結合部はどのような構造なのか、もう少し詳しくお伝えしましょう。

イタリアのゴルジとスペインのカハールは、どちらも19世紀の偉大な解剖学者で、1906年にノーベル生理学医学賞を共同受賞しましたが、実は大論争を繰り広げていました。ゴルジは、脳の構築はひとつながりの「網目状」だという「網状説」を唱えていたのに対し、カハールは脳も「細胞」という単位から構成されるという「ニューロン説」を考えていました。

その論争に終止符を打ったのは、後に、英国のシェリントン卿によって為された「シナプス」という構造の発見です。シナプスは1マイクロメートル（1000分の1ミリメートル）程度の非常に小さな構造なので、カハールやゴルジの時代には同定する術がありませんでした。両者が大論争を繰り広げたのは、当時としては無理もありません。シナプス形成に関する研究は、その後1950年代になって電子顕微鏡技術や電気生理学的技術がいろいろと開発されたことによって格段に進歩しました。新しい発見というのは技術革新によって為されるのです。

シナプスは、ニューロンの電気的興奮シグナルが化学的シグナルに変換する場です。シナプス小胞という小さな袋に詰まった神経伝達物質がニューロンの電気的興奮によって放出されると、細胞膜に存在する受容体によって受け取られます。そうすると、興奮性の神経伝達物質が受け取られた場合には、ニューロンは電気的に興奮し、次の神経伝達が生じます。抑制性の神経伝達物質がキャッチされた場合には、電気的興奮は生じません。

シナプスは、一言で言えば細胞と細胞の結合部なのですが、その様子はちょっと特殊です。この部分には化学的伝達機能を果たすために多数の分子が集積しています。

化学的神経伝達の送り手のニューロンを「シナプス前ニューロン」と呼び、受け手側のニューロンを「シナプス後ニューロン」と呼びます（図1－2参照）。シナプス前ニューロン側には、多数のシナプス小胞が集積して、神経伝達物質の放出に備えています。シナプス後ニューロン側には「シナプス後肥厚部《こうひこうぶ》」と呼ばれる構造があって、神経伝達や、神経活動の結果生じるさまざまな化学反応がこの部分で生じます。樹状突起のシナプス後部には、スパインと呼ばれる小さな突起が形成されることもあります。

1個のニューロンあたりのシナプスの数は、ニューロンの種類によって異なりますが、数百～数千、大脳皮質の興奮性ニューロンである錐体《すいたい》細胞では、1個あたりなんと1万個ものシナプスが形成されると見積もられています。

†ニューロンを助けるアストロサイト

アストロサイトの名前は「星」に由来し、星のように多数の突起を持った細胞という意味になります（図1－1参照）。アストロサイト同士はギャップ結合という結合様式により繋がりあっていて、全体としてネットワーク（シンシチウムと呼ばれることもあります）を構成しています。

アストロサイト自身の活性はこのネットワークによって素速く拡散していきます。例えばカルシウムイオンの伝播速度は、神経細胞の電気的な伝達に比べれば1000倍遅いのですが、数秒のうちに数ミリメートルの範囲に伝わることができます。つまり、アストロサイトの働きは、ゆっくりですが、より広い範囲を一度にカバーできるのです。

また、アストロサイトはニューロンと血管との仲立ちをしており、ニューロンの生存や機能に必要な栄養素を供給します。ちなみに、酸素分子などは微小なので、細胞膜を通過することができ、血管から拡散してニューロンに移行します。

アストロサイトはニューロン同士のつなぎ目であるシナプスの部分にも自身の突起を伸ばし、神経伝達を調節する働きもあります。シナプスに放出された神経伝達物質がいつまでも多量に存在していると、ニューロンが働きすぎの状態になってしまうのですが、このような余分な神経伝達物質を吸収するのもアストロサイトです。アストロサイトはまさにお母さんのように八面六臂《はちめんろっぴ》のマルチな働きをするのです。

†髄鞘形成とオリゴデンドロサイト

末梢神経の中で皮膚の温度感覚や痛覚に関わる神経線維は、非常に細くて、平均伝導速度は1秒あたり1メートル、つまり、時速3・6キロメートルと、歩く速度くらいの速さです。ところが、触覚の伝導速度はその50倍、骨格筋の運動に関わる伝導速度は、なんと

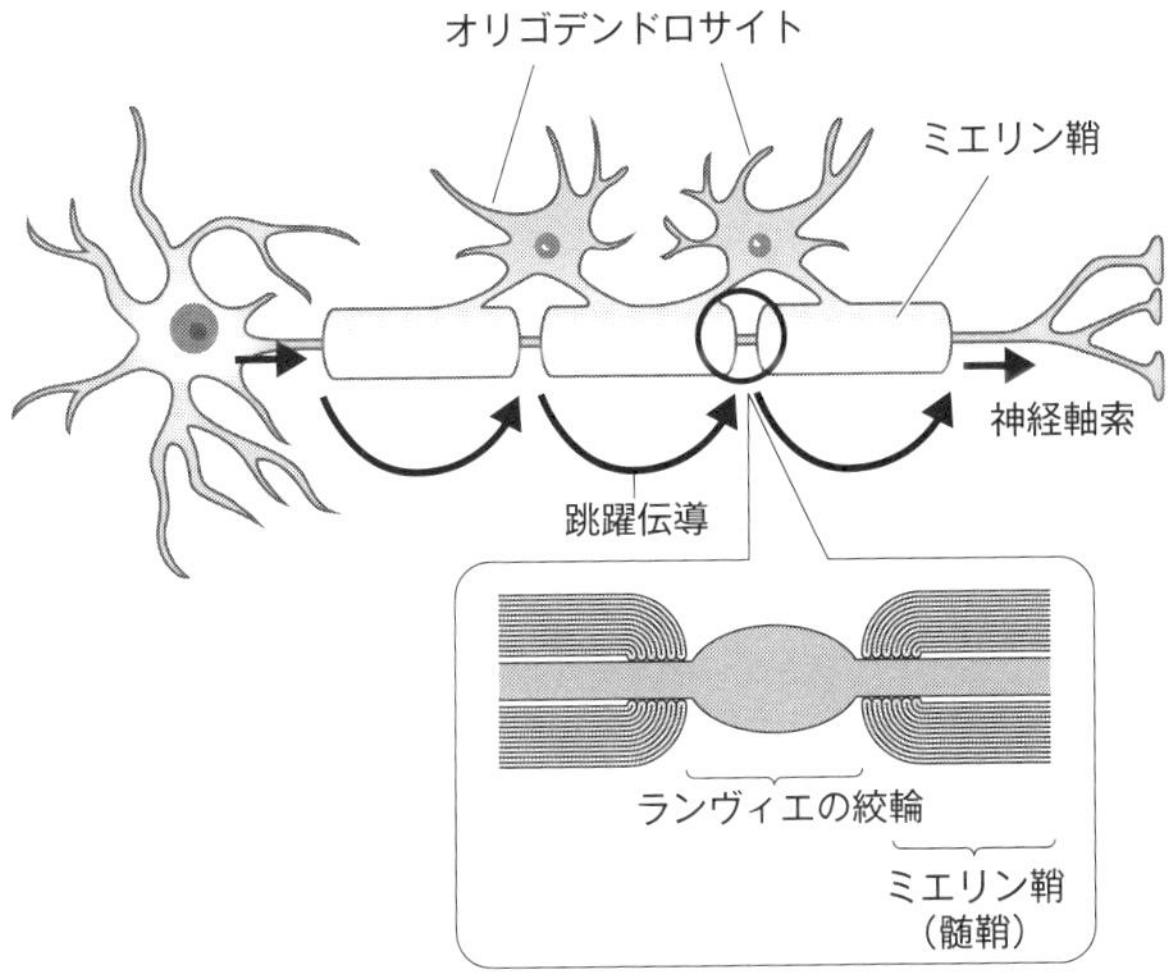

図1－4：神経伝達を素速くするミエリン鞘

新幹線並みの100倍ものスピードと見積もられています。

このような素速い神経伝達を可能にしているのが「髄鞘《ずいしょう》（ミエリン鞘）」という構造です（図1－4）。この素速い神経伝達こそが、中枢神経系の内部での絶え間ないフィードバックや並列処理などを可能にし、私たちの高度な神経機能を支えているといえます。

なぜ、髄鞘化により伝導速度が速くなるのかというと、髄鞘が「絶縁体」として働くからです。髄鞘はオリゴデンドロサイト（もしくはシュワン細胞）の細胞膜の部分がぐるぐる巻きになっており、この後説明するように細胞膜はリン脂質から構成されているので、電気的なシグナルが漏れ出さないようになっているのです。

髄鞘は数十マイクロメートルから数ミリメートルおきに細い隙間を残して形成されています。この隙間の部分は「ランヴィエの絞輪《こうりん》」と呼ばれます。髄鞘化されていない神経線維では、神経パルスは連続的に伝わっていくのですが、髄鞘化されていると、神経パルスはこのランヴィエの絞輪の間を飛び飛びに伝導することになります。これを専門用語で「跳躍伝導」と呼びます。このようにして素速い神経伝達が可能となるのです。

なお、オリゴデンドロサイトを産生するオリゴデンドロサイト前駆細胞については第8章の髄鞘形成のところで説明しましょう。

✝お掃除細胞のミクログリア

これまで述べたニューロンと、グリア細胞のアストロサイト、オリゴデンドロサイトは、あとで詳述するように脳の中で生まれる細胞ですが、ミクログリアはもともと脳の細胞ではありません（図1－1参照）。実は、リンパ球などと親戚筋にあたる免疫系の細胞で、一番近い仲間はマクロファージと呼ばれる「お掃除細胞」です。「ファージ」とは「食べる」という意味で、2016年のノーベル生理学医学賞の対象となった「オートファジー」（大隅良典博士・東京工業大学による）も同じ語源に由来します。

ミクログリアは脳の中の状態を見張っていて、脳のどこかにダメージがあると急遽その場所に出動し、死にかけた細胞などを食べて綺麗にする役割を持っています。この作用のことを専門用語では「貪食《どんしょく》」と呼びます。

ただし、このときにミクログリアは細胞に毒をもたらす炎症性のサイトカイン、活性酸素、一酸化窒素などを放出します。逆にごく最近、健康な脳においてミクログリアがシナプスの具合を見張っていて、活動性が低いシナプスを食べてしまうことも見出されています。つまり、ミクログリアはシナプスのメンテナンスにも関わっているのです。

†脳の中の血管の役割

すでに述べたように脳の中には血管が張り巡らされています。心臓から脳まで至る動脈を、大元の発電所から変電所までの送電線と捉えれば、脳の血管はニューロンやグリアに酸素や栄養を供給する末端の送電線です。

脳の表面にある動脈はそれぞれの家に見合った電気を分配する電線に相当します。脳内の微小な血管は屋内の配線に、そして、この微小循環とニューロンとの間に介在するアストロサイトは家庭内で使われている電気製品に対応するとみなせます。

脳全体としての血流は一定に保たれている必要がありますが、個々のニューロンにとっでは、そのときどきの活動に合わせたエネルギー供給が必要です。実は血管の中には一番内側に内皮細胞があり、毛細血管の内皮細胞にまとわりついて存在する周皮細胞（ペリサイトと呼ばれることもあります）や、やや太い血管周囲の平滑筋などが血管の収縮に関わっており、いわば電流のコントロールをしています。その調節を行っているのが、先ほど述べたお母さん細胞のアストロサイトです。ニューロンの活動に伴い、アストロサイトは血管拡張分子を産生して放出することにより、その傍の毛細血管を拡張させるのです。

†脳の成分分析——脳とアブラの関係

「脳もタンパク質でできている」というと、「え？　タンパク質って筋肉をつくる元ではないの？」と驚く方がいるかもしれません。でも、どんな細胞でも基本的にタンパク質は含まれます。しかしながら「脳を構成する成分のうちもっとも多いのは脂質である」と聞くと、もっとびっくり！　かもしれません。

身体を構成する細胞は、基本的に70％が水分です。その水分を除いた乾燥重量の中で、脳の脂質は約55％を占めており、タンパク質（約40％）よりも多いのです。他の臓器では脂質はここまで多くありません。したがって、「脳はとてもアブラっぽい」といえます。

脳の断面を見ると、外側の色が少し濃く、内側は白っぽく見えます。この白っぽい部分

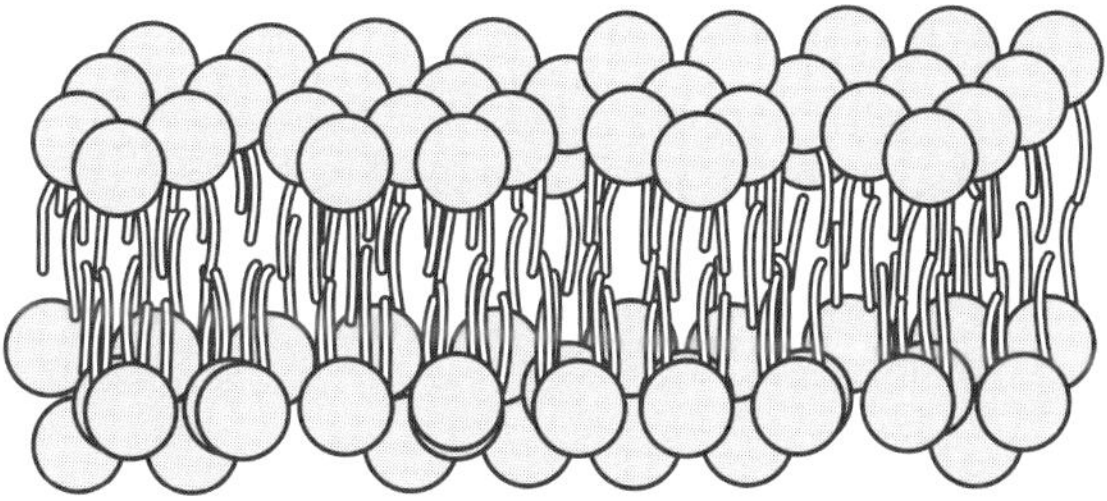

図1-5：リン脂質二重膜から構成される細胞膜

が「白質」と呼ばれ、外側の色の濃い部分は「灰白質」と呼ばれます。脳の中でも脂質が多いのは「白質」と呼ばれる部分です。ここには神経回路のケーブルが多数集まっており、軸索とそれを取り巻く髄鞘から形成されていて、リン脂質が25％程度、コレステロールと糖脂質が合わせて33％弱含まれます。灰白質の脂質は30％強で、そのうち、コレステロールと糖脂質が合わせて10％未満です。白質は灰白質に比べてコレステロールが2倍、糖脂質が6倍程度多いといえます。

リン脂質という成分は、細胞を包む細胞膜の基本です（図1-5）。親水性の頭の部分にリン酸基が結合し、脂肪酸の「脚」が2本出たような化学構造をしています。これらの脚の部分の脂肪酸の中では、ドコサヘキサエン酸（DHA）およびアラキドン酸（ARA）という「高度不飽和脂肪酸」が二大選手です。脳の誕生について語る本書ではこのような理由から、とくに「脂質栄養」に着目しつつ話を進めます。

ここでひとつ、大事なことをお話ししましょう。脳の中の大多数のニューロンは、胎児期に生まれて一生涯使われます。しかしながら、物質レベルで見た場合に、身体の細胞を構成する成分は実は日々、入れ替わっています。これは「代謝回転」(metabolic turnover) という現象で、米国の生化学者ルドルフ・シェーンハイマーが提唱しました。福岡伸一博士(青山学院大学教授)の著書『動的平衡』(木楽舎)でご存じの方もおられるかもしれません。

どういうことかというと、例えばリン脂質は、細胞膜の成分として壊されたり新たに作られたり、変換したりということを日常的に繰り返しているのです。レンガでできた家の壁があったとして、1個1個のレンガが毎日少しずつ取り替えられていきつつも、家はそのまま残っているという状況を想像して頂ければよいでしょう。後述しますが、軸索を取り巻く髄鞘のようなカッチリとした部分でさえ、高い代謝回転率があることが、最近の研究から証明されています。

つまり、代謝回転というのは、細胞の中を次々と分子が素通りするようなイメージです。細胞としては、昨日と同じように、あるいは10年前と同じように存在しているのですが、それを構成する分子たちは次々と置き換わる訳です。このようなことからも、私たちの脳が「キカイ」とは異なることが分かると思います。

†ニューロンにとってのエネルギー源

脳はとても「金食い虫」です。重量でいえば、体重の2%程度にもかかわらず、血流量としては心拍出量の15%を占め、安静時の臓器別の酸素消費量では身体全体の約20%を消費します。例えば骨格筋は全体重の約50%を占めていますが、酸素消費量は脳と同じくらいです。

つまり、脳はすべての臓器の中でもっともエネルギーを消費する贅沢な臓器といえます。精神活動を行うだけでも、基礎代謝量が数%上昇したという報告もあるので、確かに脳は活動するために多量のエネルギーを必要としている訳です。

脳に存在するニューロンのほとんどは、このあと説明するように、胎児期に産生されて生涯働く、非常に長生きする細胞です。したがって脳のエネルギー産生には、なるべくカスが出ない「クリーンな」栄養が必要となります。これにもっとも適しているのがブドウ糖（グルコース）です。炭素分子6個から成り立つグルコースは、解糖系、クエン酸回路、電子伝達系という代謝経路を通って、最終的には水と二酸化炭素に分解されるので、何も余分な燃えカスが出ないのです。

ニューロンに供給されるグルコースは、血中から、もしくは、肝臓で変換してできた

「グリコーゲン」という貯蔵のための糖質から供給されます。

グルコースやグリコーゲンは脳に蓄えることができないので、血中のグルコース濃度、すなわち血糖値は、一定に保たれている必要があります。そのためには、食事から炭水化物を摂取する必要があり、飢餓状態が長く続かないことが理想とされています。また、グルコースから効率良くエネルギーを生成するには、ビタミンB1、B2などの微量栄養素も必須です。

✝細胞膜の流動性に関わる脂質

さて、前述のように脳に脂質が多いのは、「髄鞘」と呼ばれる絶縁体のケーブルがオリゴデンドロサイトの細胞膜でできていたり、ニューロン自身も発達した樹状突起や長い軸索を有していたりするために、相対的に細胞膜が多いということに起因します。

そもそも、どんな種類の細胞にとっても、細胞膜は細胞の内側と外側を分ける界面として重要です。細胞は内側も外側も「水っぽい」のですが、細胞膜がリン脂質の二重膜として、つまりアブラで隔てられています。水と油は混じり合わないので、細胞は内側と外側を分けることが可能なのです。ニューロンの軸索も、髄鞘によって取り囲まれているために、神経伝達の効率が非常に良くなることが分かっています。

ちなみに、細胞膜は硬すぎても柔らかすぎても、細胞にとって具合が良くありません。一般的に、コレステロールのような硬い脂質が多く含まれると、膜は硬くなり、DHAやARAなどの高度不飽和脂肪酸が多いと柔らかくなります。やや細かい話になりますが、不飽和脂肪酸には「二重結合」が含まれるため、曲がった脚を持つリン脂質が多くなるからです（図1－5参照）。冷たい水温の中で生活する魚にとってはDHAが多い方が柔らかさを保つことができ、一方、恒温動物の肉にコレステロールが多いことは、柔らかすぎないという意味で理にかなっているといえますね。

ニューロンにとって化学伝達を行う場であるシナプス（図1－2参照）では、神経伝達物質を含んだ「シナプス小胞」がシナプス前膜と癒合して中身が放出されます。この中身、つまり神経伝達物質（図1－3参照）は、シナプス後膜に存在する「受容体」と呼ばれるタンパク質によって受け取られます。このような一連のメカニズムに、膜の流動性は大きく関わります。硬すぎても柔らかすぎても神経伝達物質のキャッチボールにとって具合が良くありません。

このように脂質栄養は、脳の構築の上でも、その働きを考える場合でも、また第Ⅲ部で述べるように、もしかしたら進化の上でも、とても重要なファクターです。脂質の重要性については、後の章でもたびたび出てきますので覚えておいてください。

第2章 はじまりは「管」

前章では脳にはたくさんの細胞が存在していて、複雑なネットワークを構築しているということをお話ししました。では、いったいどのようにして、脳は作られていくのでしょうか？ そのためには、私たちの体がどのようにできてくるのかからお話しする必要があります。針の先より小さいたった一個の細胞である受精卵が、ペットボトル3本分まで大きくなるまでには、どのようなドラマが繰り広げられるのでしょうか。

私たちが目の前の出来事を感じたり、こんどの週末にどこに行こうか考えたり、誰かを好きになったり、何かを作り出したりする、そのような私たちが私たちたるための機能を営むことができる脳は、どのように形作られたのか、そこまでのプロセスを、細胞や遺伝子の話から追っていきたいと思います。

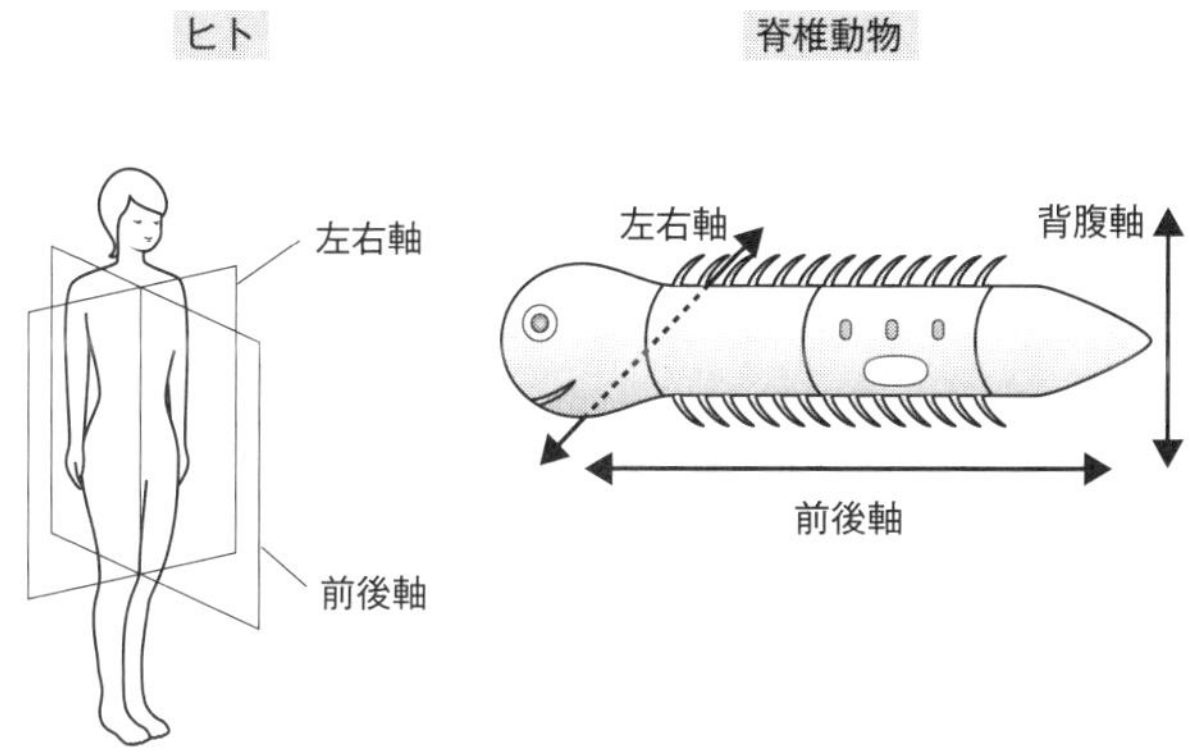

図2-1：体の「軸」の表し方

ヒトの始まりは卵子と精子が受精してできる1個の受精卵です。私たちの身体が出来上がるには、このたった1個の細胞が2個の細胞に、4個、8個……と何度も分裂する必要があります。これを専門用語で「細胞分裂」と呼びます。

また、受精卵はその後に体を構成するすべての細胞になるポテンシャルを持っていますが、発生の過程において、個々の細胞の機能が分かれて特殊化していきます。このことを「細胞分化」と呼びます。

さらに、それぞれの細胞は無秩序に存在しているのではなく、「組織」や「器官」というまとまりを形作ります。この現象を「形態形成」と呼びます。

形態形成はダイナミックな三次元の世界なので、その基準となる座標、すなわち「軸」に名前が付いています。発生過程の軸は、私たちが大人になったときの軸の名前と少し違うところがあり、図2－1のように「前後軸」、「背腹軸」、「左右軸」が決まっています。これは脊椎《せきつい》動物全体に共通した捉え方にのっとっているのです。ヒトは二足歩行するために、解剖学の「前後」が発生学の「背腹」に相当することになります。本書ではたびたび「前後軸」や「背腹軸」という言葉が出てくるので、覚えていてください。

発生とは、こうした三次元の形の変化が時間軸に沿って刻々と変化しつつ、その内部では細胞の分裂や分化が同時並行で生じているという、とても複雑な四次元の現象だと言えるでしょう。

†受精卵から3層構造へ

ヒトの受精から約1週間後、精子と卵子に由来する受精卵はすでに数百個の細胞の塊である「胚盤胞《はいばんほう》」として子宮の壁に着床します。胚盤胞は、中空のボール状の構造をしていて、内側に存在する「内部細胞塊」という細胞の塊の部分から、将来の身体を作るすべての細胞がつくられます。ちなみに余談ですが、「胚性幹細胞（ES細胞）」という、どんな細胞にもなりうるポテンシャルを持った培養細胞を人工的につくりだすには、この内部細胞塊の細胞を利用します。

次に、受精後2週目で内部細胞塊は2層の細胞層となり、外側の「外胚葉《がいはいよう》」と内側の「内胚葉《ないはいよう》」に分かれます。外胚葉のある方向が将来の「背側」で、内胚葉の側が将来の「腹側」です。この時期は「二胚葉期」と呼ばれます。

さらに受精後3週目になると、受精後外胚葉の一部の細胞は、奇妙なことに内胚葉との間に入り込んで「中胚葉《ちゅうはいよう》」となります。この3層になった時期が「三胚葉期」です。やがて平らな胚葉が折れ曲がって管状になります。つまり大雑把に言って、私たちの身体はもともと、3層構造の管だと思って頂ければ結構です。一番外側の外胚葉からは神経系と皮膚が作られ、一番内側の内胚葉からは消化器や肺などが生みだされます。その間の中胚葉からは骨・筋肉・血液などが作られる訳です。

†神経板が誘導される

さて、この三胚葉期（ヒトでは受精後3週目）に脳・神経系の形成が始まります。まず、外胚葉の中心部の細胞の丈が長くなり分厚くなって「神経板《しんけいばん》」という構造ができます（図2－2）。これは、外胚葉の裏打ちをしている中胚葉から「誘導シグナル」が分泌されることによります。中胚葉の細胞たちが、その背側に位置する外胚葉の細胞たちに、「そろそろ目覚めなさい」とささやきかけるのですね。こうして、外胚葉と中胚葉の「組織間相

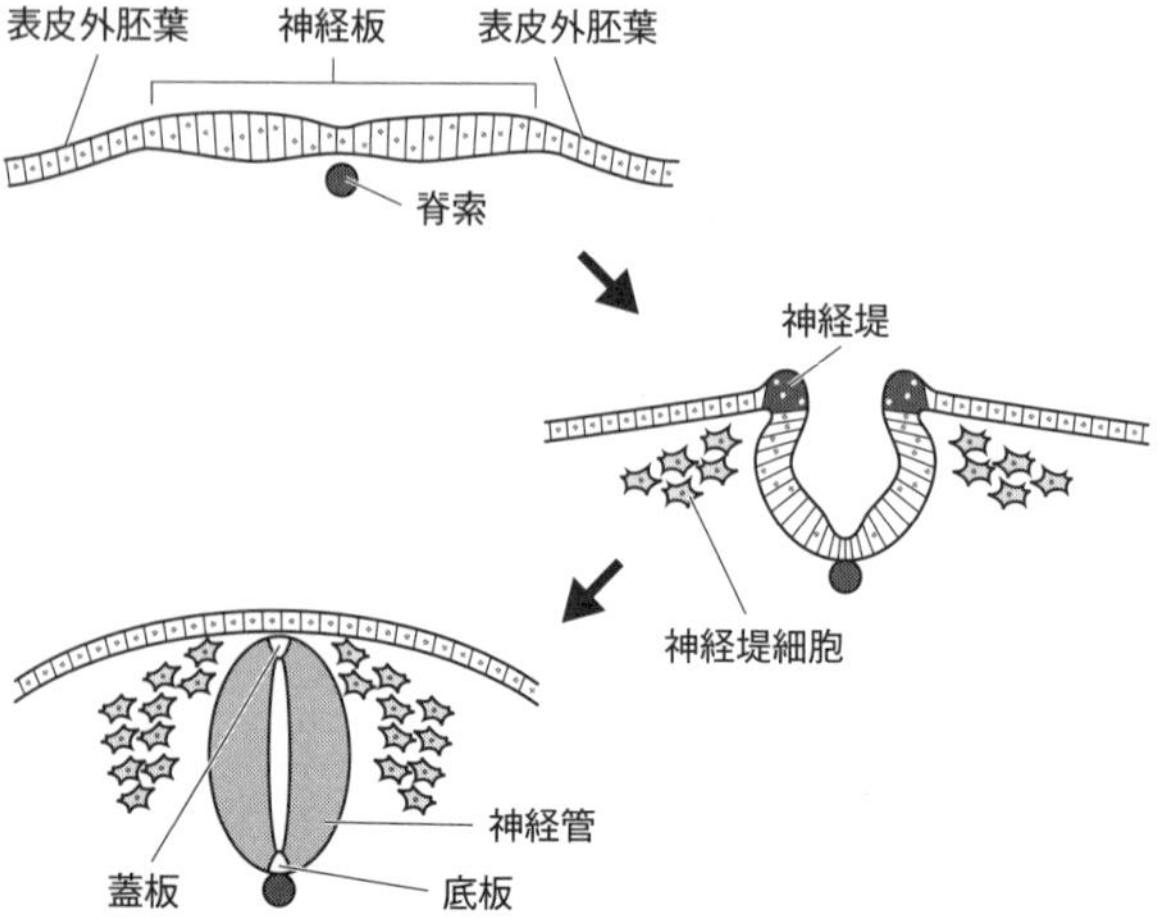

図2-2：神経管の形成プロセス

互作用」が生じて、神経板が誘導されるのです。

このような誘導現象は、20世紀初頭にさかんに研究されました。実験に用いられたのは、微細な手術を行いやすいイモリなどの両生類でした。

例えば、イモリの胚の背側の外胚葉を中胚葉形成の前に切り取って培養すると表皮が形成されるのに対し、中胚葉形成が進行しつつある時期に培養すると、脳、脊髄、眼などの神経組織が形成されます。これは、ドイツのハンス・シュペーマンの実験なのですが、この結果から、形成されつつある中胚葉組織に神経誘導の作用があることが予測されました。さらにシュペーマンの愛弟子であったヒルデ・マンゴールドは、将来の中胚葉組織の中で誘導能力のある領域を限定し、これが高校の生物学の教科書にも記載されている「オーガナイザー」の発見です。シュペーマンはそのおかげで1935年にノーベル生理学医学賞の栄誉に輝くことになりました（残念なことに、マンゴールドはその前に事故で亡くなったのですが、もしそうでなかったなら、ともに受賞していたことでしょう）。

†誘導因子の正体は？

1950年代には、例えば「胚の中のオーガナイザーという領域に誘導活性がある」という説明によって発生のしくみを合点することができたのですが、その物質的根拠が理解されるには数十年かかりました。というのは、小さな胚の中でオーガナイザーの領域はさらに小さいので、かなりたくさんの胚を集めて、その領域だけを取り出して、すりつぶして存在する成分を抽出して調べても、なかなか誘導因子の実体は分からなかったのです。

その後、生命科学分野における解析手法の進歩により、「神経誘導」の分子的実体、つまりどのような物質が関わるのかが明らかになりました。

少々ややこしいのですが、実は、外胚葉はそのまま放っておくと神経組織を形成します。発生過程で、外胚葉の広い範囲で神経誘導を阻害する因子が働くことにより、将来の表皮が形成されるのです。このとき神経誘導が生じる領域には、神経誘導阻害因子を阻害する因子が働くことによって、神経組織が形成されるのです。「マイナス」かける「マイナス」が「プラス」になると捉えて下さい。すなわち、外胚葉のデフォルトの運命がむしろニューロンなのであって、そのプログラムを打ち消す作用とのバランスにおいて、神経系とそれ以外の外胚葉部分（表皮となる部分）が形成されていくのです。

このようなシナリオは、当初、両生類の胚において明らかになりましたが、その後の研究でマウスでも証明されたことによって、哺乳類でも同様のしくみが働いていると想定されています。

†「板」から「管」へ

このようにして誘導された神経板は、やがて巻き上がって背側正中部で癒合し、「神経管」という管が作られます。この時期、表皮外胚葉と神経板の境界部（すなわち神経管の背側）に神経堤と呼ばれる領域が出現し（図2－2参照）、これは末梢神経系や、皮膚の色素細胞（メラノサイト）、さらには頭部の骨や軟骨をつくるもと（原基）になります。

シート状の外胚葉には、最初、Eカドヘリンという「細胞接着因子」が発現しています。これは、細胞と細胞の間を糊のように繋ぐ役割をするタンパク質です。将来の神系板にはNカドヘリンという、別の種類のカドヘリン分子が発現するようになります。巻き上がっ

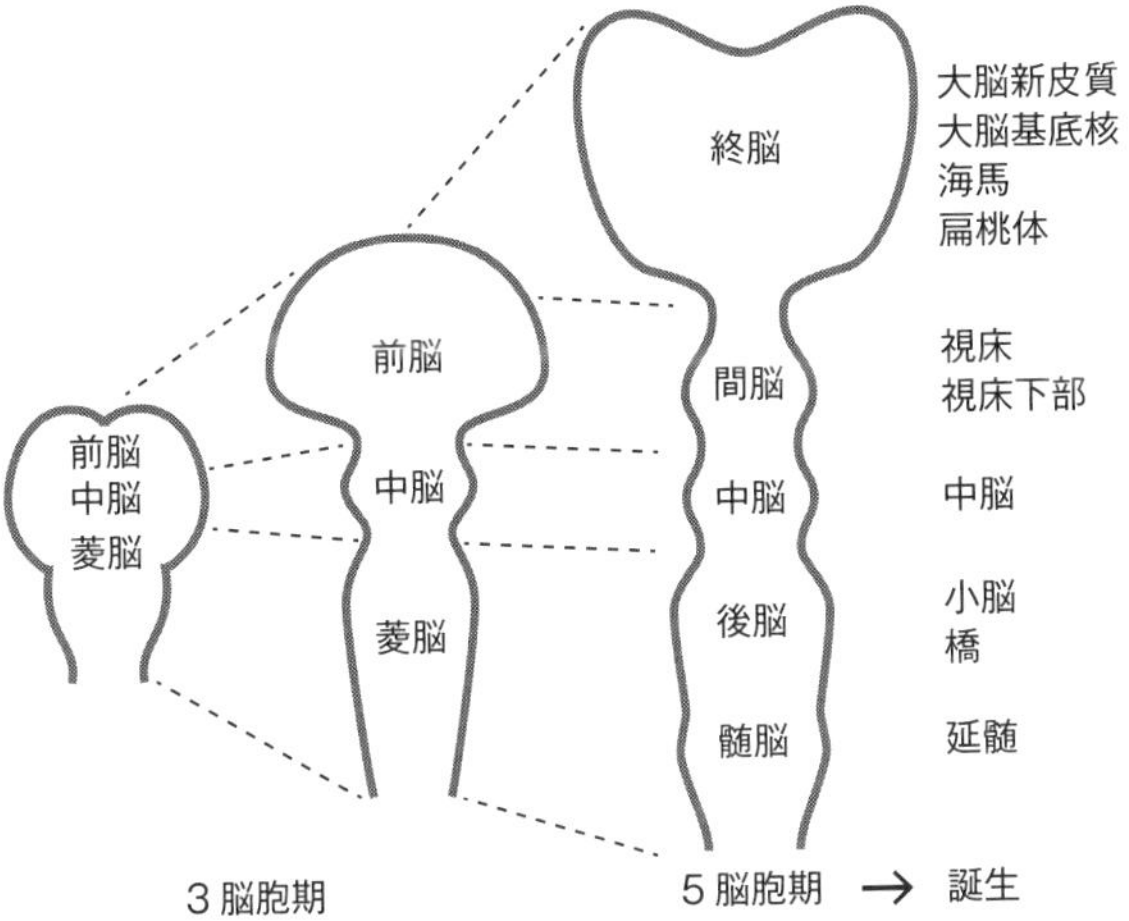

図2-3：脳胞形成のプロセス

て神経管が形成される際に、表皮外胚葉と分離するのに、異なる種類のカドヘリン分子が関わります。

つまり、シート状の上皮構造をもとにして複雑な組織構築をする上で、カドヘリンというファミリー分子は、根源的に重要な働きをしています。このカドヘリン分子の発見をしたのは、当時京都大学におられた竹市雅俊博士（現理化学研究所多細胞システム形成研究センター・チームリーダー）です。

やがて、神経管にはいくつかのくびれが生じ、前方部では膨らんで「脳胞」が形成され、前方から順に前脳、中脳、菱脳《りょうのう》（もしくは後脳）、脊髄となります（図2-3）。序章（はじめに）で述べた「脳と脊髄はひとつながり」とは、このように発生初期において共通の「神経管」から出来上がるからなのです。

中枢神経系の原基が「前脳、中脳、菱脳」に分かれた時期のことを「3脳胞期」と呼びます。この時期に、神経管は前後方向の軸と背腹方向の軸に沿って「領域化」（あるいは「パターン化」）されるようになります。言ってみれば、神経管の中に「番地」が付けられるようなものです。この領域化については、次章で詳しく述べます。

その後、前脳はさらに左右両側に大きく張りだした終脳と間脳に分かれ、5つの脳胞が形成されます（「5脳胞期」）。終脳からは最終的に、大脳新皮質、大脳基底核、海馬、扁桃《へんとう》体《たい》などが、間脳からは視床《ししょう》や視床下部が形成されます。このような初期の脳胞構造と最終的な脳の領域の対応関係については、図2－3を参照してください。

つまり、ヒトの受精後8週くらいで、脳の元となる「原基」がほぼ出来上がることになります。ヒトは受精後38週で生まれるので、これから30週の間にどのようなドラマが展開するのかを引き続き見ていきましょう。

第3章
脳の区画の成立

前章では、脳の誕生の初期過程として、受精卵から「管」へ、そこから「神経板」が形成され、さらに「神経管」となり、くびれやふくらみが生じて脳胞が形成される、という流れを見てきました。本章では、神経管がどのように区画化されて脳になっていくのか、そのメカニズムをさらに詳しく見ていきたいと思います。

神経管の番地付け

複雑な脳が作られるしくみは、先に、脳の大きさが決まって、機能に応じて最適化されたデザインに基づいて、各種のニューロンやその他の細胞が配置されていくのではありません。

大きさもどんどん大きくなりつつ（これは後で述べるように細胞が増殖することによるのですが）、徐々に複雑さを増していく、というやり方です。これは簡単に言えば、第Ⅲ部で

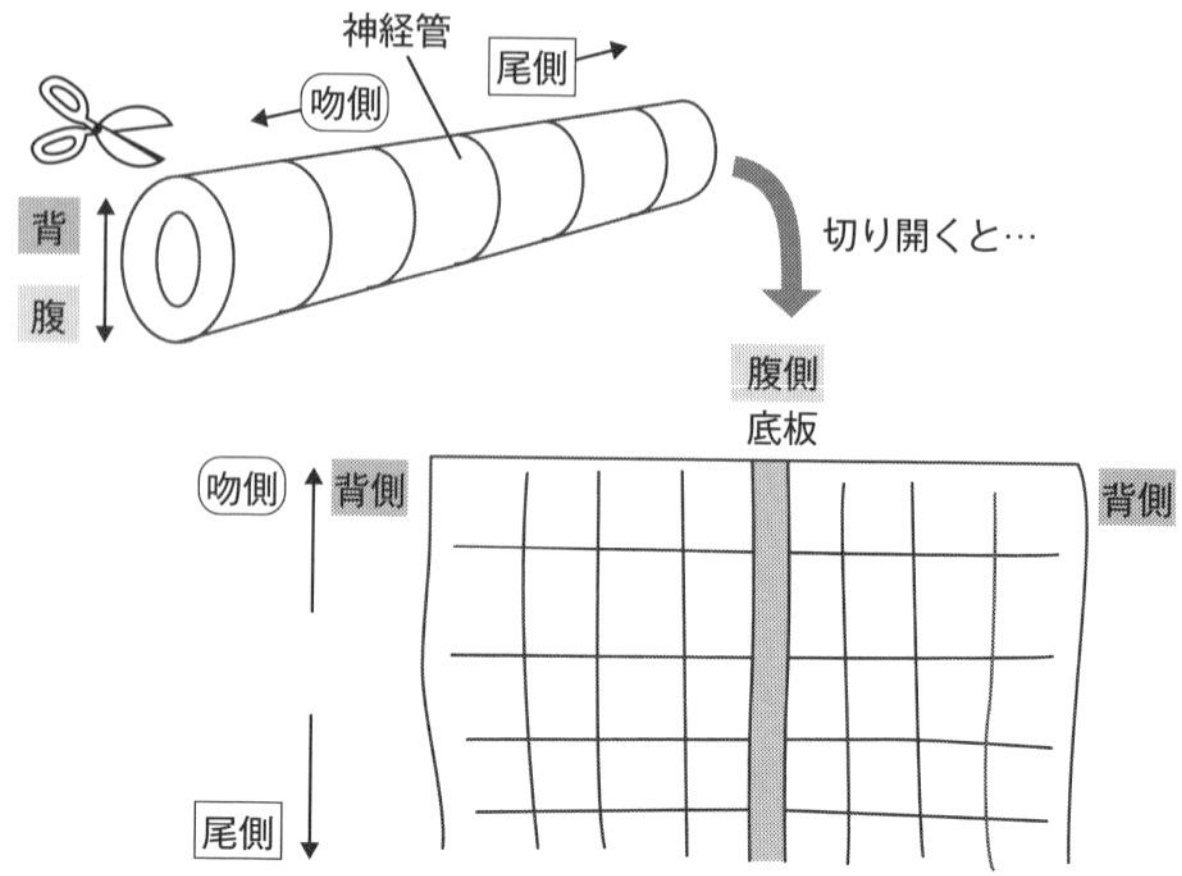

図3-1：神経管の番地付け

述べるように、進化の名残りを引きずっているからです。

まず大まかな区画ができ、それが細分化されていく、という「領域化」の過程と、その領域が特殊化されつつ、ニューロンなどの機能に特化した（分化した）細胞が生みだされていく過程とは、時間的には同時進行で為されます。

まず、領域化のしくみから見ていきましょう。

領域化というのは、言ってみれば神経管の中に番地が付けられることです。神経管を背開きにすると、二次元に展開できますね（図3-1）。これを地図と見なして、札幌の町のように東西南北にグリッド状に道路が走っていると思ってください。地図上の位置は、

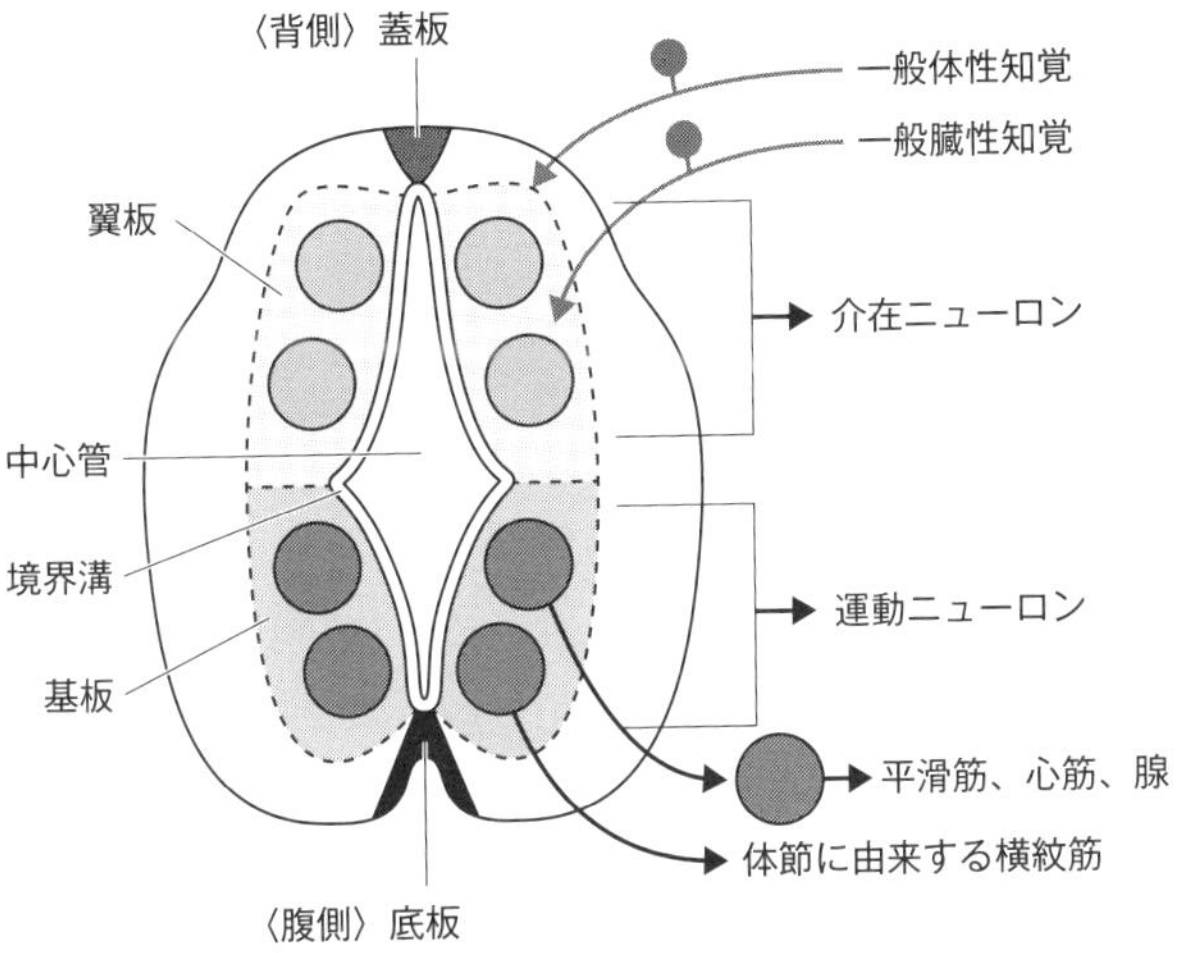

図3-2：脊髄部分の神経管の領域化

「南○条西△」のように表せます。このような番地が、脳のそれぞれの領域が特殊化していくための「位置情報」になっているのです。

実際には脳の番地は「東西南北」ではなくて、前述した「前後軸」と「背腹軸」という2つの座標軸を使っています。ではまず、背腹軸がどのようにして決められるかについて紹介しましょう。

ここでは、もっとも典型的なケースとして脊髄を例にして説明しますが、共通する用語の説明をしておきます（図3-2）。神経管のもっとも腹側の部分には「底板」、もっとも背側の部分には「蓋《がい》板《ばん》」という特殊な構造が形成されます。さらに、神経管の内腔面に生じる「境界溝」によって、背側の部分（「翼板」と呼びます）と腹側の部分（「基板」）に分けられます。翼板からは調節役の「介在ニューロン」が、基板からは筋肉を直接動かす「運動ニューロン」がつくられます。

背側化を働きかける分子

20世紀初頭は、先のシュペーマンもそうでしたが、実験発生学者たちが、脊椎動物の小さな胚のあちこちを切った貼ったするという研究を行っていました。

ドイツのヨハネス・ホルトフレーターの研究テーマは、ニワトリの胚を用いた運動ニューロン発生のしくみ。ニワトリ胚の神経管のすぐ外側腹側にある「脊索《せきさく》」に着目しました。脊索は中胚葉の細胞の一部が凝集してできた紐《ひも》状の構造です。ホルトフレーターがニワトリ胚の脊索を除去すると、神経管に運動ニューロンが分化しなくなり、逆に、余分に脊索を移植すると、その近傍に新たに底板と運動ニューロンが誘導されることを見出しました（図3－3）。

このことから、脊索に神経管の背腹パターンを誘導するパワーがあることが分かりました。つまり、オーガナイザーによる神経誘導の場合と同様に、脊索から何らかの「腹側化」シグナルが分泌され、それがナイーブな神経管に働きかけていることが予測されまし

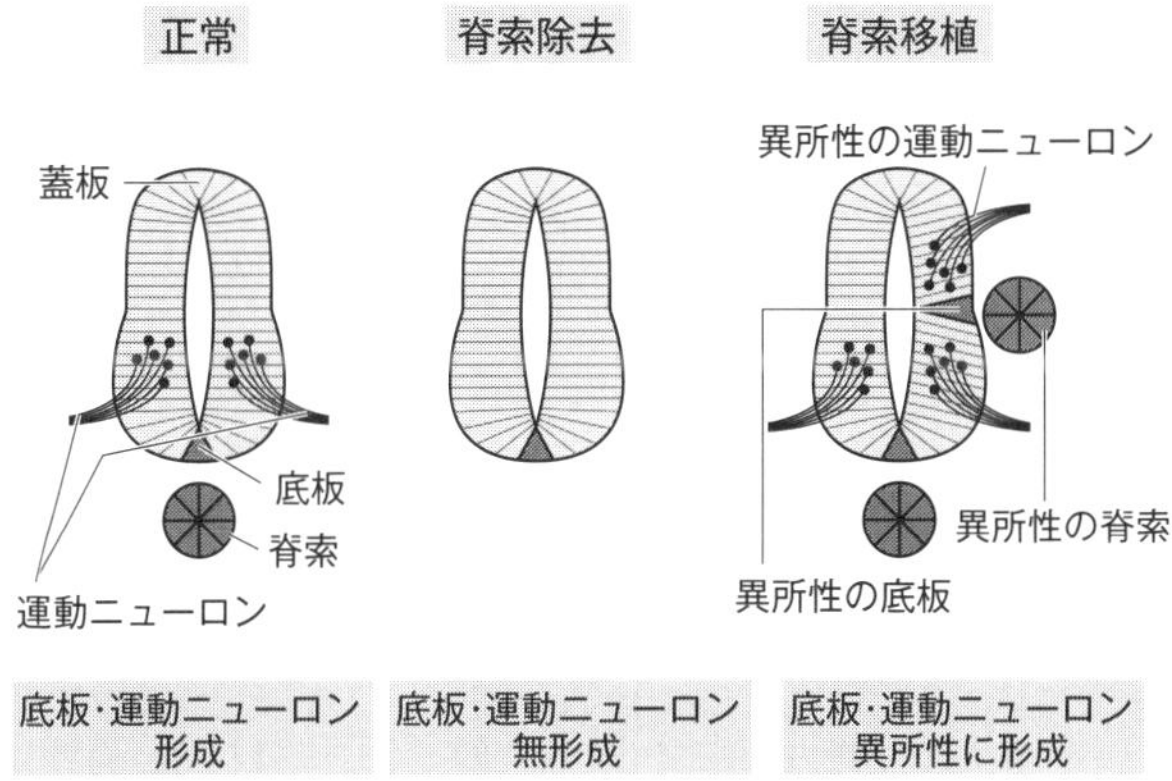

図3-3：ホルトフレーターの実験

た。ただし、その因子の実体が分かるまでには半世紀を要することになります。

†神経管の中の〝ハリネズミ〟を追跡せよ

実は、動物の形づくりの「遺伝的プログラム」は、脊椎動物よりも先に、ショウジョウバエを用いた研究によって明らかにされてきました。

米国のトーマス・ハント・モーガンはショウジョウバエの変異体と異常染色体の関連を観察し、遺伝子がリアルな実体として染色体上に存在することを証明して1933年にノーベル生理学医学賞の栄誉に輝きました。遺伝学の材料としてのショウジョウバエの価値をさらに高めたのは、モーガンの弟子のハーマン・J・マラーで、彼はX線によって突然変異が誘導できることを発見し、やはり1946年にノーベル生理学医学賞を受賞しています。

これらの流れを汲んだドイツ人のクリスティアーネ・ニュスライン＝フォルハルトと米国のエリック・ヴィシャウスは、胚がハリネズミのように突起だらけの形になってしまうショウジョウバエの変異体を見つけ、これを「ヘッジホッグ」と名付けました。ヘッジホッグ遺伝子の構造が明らかになると、その遺伝子から作られるヘッジホッグタンパク質は細胞外に分泌される「分泌因子」であることが予測されました。ちなみに、オーガナイザーの説明で登場した誘導因子もその実体は分泌因子です。

生物学者は「ショウジョウバエで大事な遺伝子なら、脊椎動物でもきっと大切に違いない」と考えています。つまり、進化的に大事な遺伝子は使い回されるのです（専門的には「保存されている」と呼びます）。そこで、ショウジョウバエの遺伝子に似た遺伝子（相同遺伝子と呼びます）を探索する戦略が採られ、実際に威力を発揮しました。

上記のヘッジホッグ遺伝子はショウジョウバエの翅《はね》の形成に関して、後ろ側に限局した美しい局在パターンを示す（図3-4）ので、真っ先に相同遺伝子探索の候補となりました。数学者なら「オイラーの等式がもっとも美しい」などと言うように、美しさというのは、科学者にとっても重要なモチベーションになります。

実に米英3つの研究室による競争となり、ほぼ同時に脊椎動物のソニック・ヘッジホッ

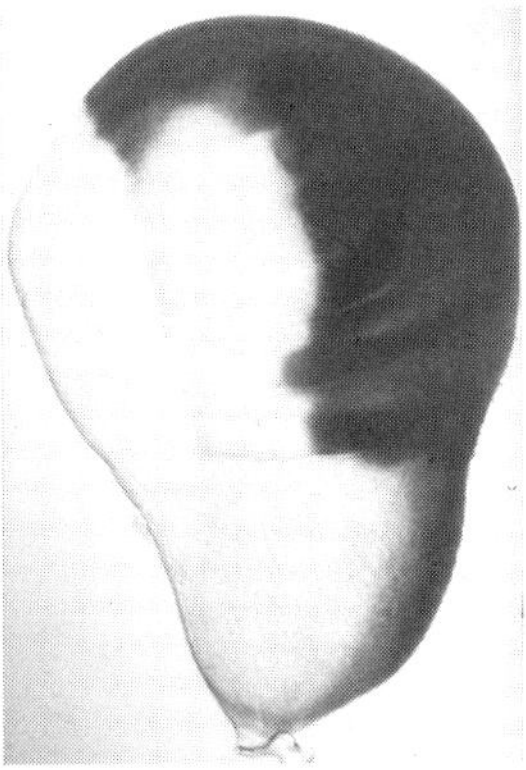

図3－4：ショウジョウバエ翅原基におけるヘッジホッグ遺伝子の発現パターン

グ（*Shh*）という相同遺伝子が同定されたのは1994年の年末近くでした。ちなみに、この名前の由来はセガのビデオゲーム・キャラクターです。新しい遺伝子を発見した科学者には、その遺伝子に命名する権利が与えられるのです。

さて、3つの研究室のうちの1つが、アメリカのトム・ジェッセルのチームでした。ジェッセルらはニワトリ胚において脊髄の発生メカニズムの解明に取り組んでいたところで、なんとSHH（タンパク質）は、まさに脊索と底板で働く可能性があることが分かったのです！

†〝ハリネズミ〟タンパクは本当に腹側化因子か？

SHHタンパクが神経管の腹側誘導因子であるという可能性が見出されたとして、次にそのことを確かめるにはどうしたらよいでしょうか？　このような問いに頭を使うのは、まさに研究者にとってワクワクする瞬間です。ジェッセルらは次のような実験を行いました。

　まず、培養細胞に*Shh*遺伝子を導入してＳＨＨタンパク質を分泌できるようにします（お気づきかもしれませんが、生物学では遺伝子は斜体で、タンパク質は正体で表すという作法があります）。この*Shh*遺伝子導入細胞の塊を神経管の近傍に移植すると、ＳＨＨタンパク質がその周囲に分泌され、予測通り、神経管の中の本来底板にはならない場所に、異所性に二次的な底板が形成されました。これは、ホルトフレーターが行った脊索の移植と同じ効果がもたらされたことになります。

　もう一つの確かめ実験として、ジェッセルらは大腸菌にＳＨＨタンパク質を大量に作らせて精製し、切り出した神経管のスライス片を培養する際、このＳＨＨの濃度を変えて培養液に添加しました。すると、培養液中のＳＨＨの濃度に応じて、各種の腹側のニューロンが分化したのです。

　やや専門的な説明になりますが、この実験が可能だったのは、すでにジェッセル研では、脊髄原基のさまざまなニューロンを見分けることのできる「分子マーカー」を戦略的に探索していたからです。つまり、神経管の断片の細胞が運動ニューロンに分化したことを調べるのに、本当に筋肉に結合して、収縮させるかどうかを調べるのは大変です。ニューロンを筋肉とともに培養するなどの困難さがあります。これに対して、ジェッセルらは、腹側に生じる運動ニューロンの分子マーカーに対する抗体を使って、分化したニューロンの性質を調べました。具体的には、アイレットワン（Islet-1）というタンパク質の局在が見られたら、そのニューロンは運動ニューロンに分化したものと判断できるので、実験をぐっと簡便化できるのです。

このような実験はＳＨＨが腹側化を誘導できる「十分条件」であることを示しているのですが、では「必要条件」についてはどうでしょうか？　まず、ＳＨＨに対する抗体を神経管スライス片の培養液に添加すると、抗体はＳＨＨと結合してその作用を失わせるので、運動ニューロンの分化が抑制されました。さらなる決め手は、*Shh* の遺伝子機能を失わせたノックアウトマウスの作製です。*Shh* 遺伝子をノックアウトしたマウスでは予測通り、脊髄において腹側のニューロンの分化が阻害されました。以上の結果から、ＳＨＨは神経管の腹側を誘導する因子、すなわち「腹側化因子」であることが証明されたのです。

†濃度による「番地決定」

ここで重要なポイントは、ＳＨＨは単に腹側組織を誘導するのではなく、その濃度に応じて多種類の細胞を分化させるということです。つまり、「腹側ですよ」と呼びかける声の大きさによって、その指令を聞いた細胞のふるまいが変わります。脊索から分泌されるSHHにより神経管の腹側に底板が誘導され、やがて底板からもSHHが分泌されることにより、神経管腹側には、腹側が濃く背側が薄いSHHの「濃度勾配」が形成されます。

　未分化な神経管の細胞たちは、このさまざまなSHHの濃度を指令として受け取り、それぞれの濃度に応じて運動ニューロンや各種介在ニューロンへと分化するのです。すなわち、SHHの濃度によって、「腹側1丁目、2丁目……」という「位置情報」が与えられ、それぞれの領域の細胞の分化運命が決定されることになります。

　同様の「背側シグナル」も現在では知られるようになりました。これはSHHと逆向きの濃度勾配を神経管背側にもたらします。神経管の細胞はこれら「背側シグナル」の濃度に応じて、異なるニューロンに分化するという訳です。

　なお、ここでいうところの「分化」は、未分化な細胞がニューロンという機能を有する細胞へと変わること、というよりは、ニューロンの中でも異なるサブタイプのものに変わることを意味しています。ニューロンそのものへの分化の分子メカニズムについては次章で扱うことにします。

†前後軸に沿った位置情報

では、神経管の「前後軸」に沿った位置情報はどのようにして決まるのでしょうか？神経管の後方の位置情報を与える因子としては、ビタミンAの誘導体であるレチノイン酸や線維芽細胞増殖因子（FGF）などが知られています。このような分泌性の因子も濃度勾配をもって存在し、前後軸に沿った位置情報の指令として用いられます。その次に、「転写制御因子」という別のカテゴリーのタンパク質が働くようになります。

転写制御因子（単に転写因子とも言います）は、簡単に言えば、遺伝子のスイッチを押す指のような役割を果たす分子です。染色体DNA上で目的とする遺伝子が存在する領域に転写因子がくっつくことによって、その遺伝子の発現がオンになるのです。遺伝子のスイッチがオンになることにより、DNAからRNAへの「コピー」が作られます（この作用を専門用語で「転写」と呼びます）。

1つの転写因子は、いくつかの遺伝子のスイッチを押すことができます。つまり、転写因子という親分が号令を出し、その細胞の特徴を作りだす子分の遺伝子たちを働かせることによって、細胞の個性がもたらされます。

ではどのような転写因子が前後軸に沿った位置情報を決めているのでしょうか。1978年、米国のエドワード・ルイスは2対の翅《はね》を持った突然変異体のショウジョウバエを見出しました。ショウジョウバエは、双翅目《そうしもく》といって、通常は胸部体節に1対の翅を持ち、

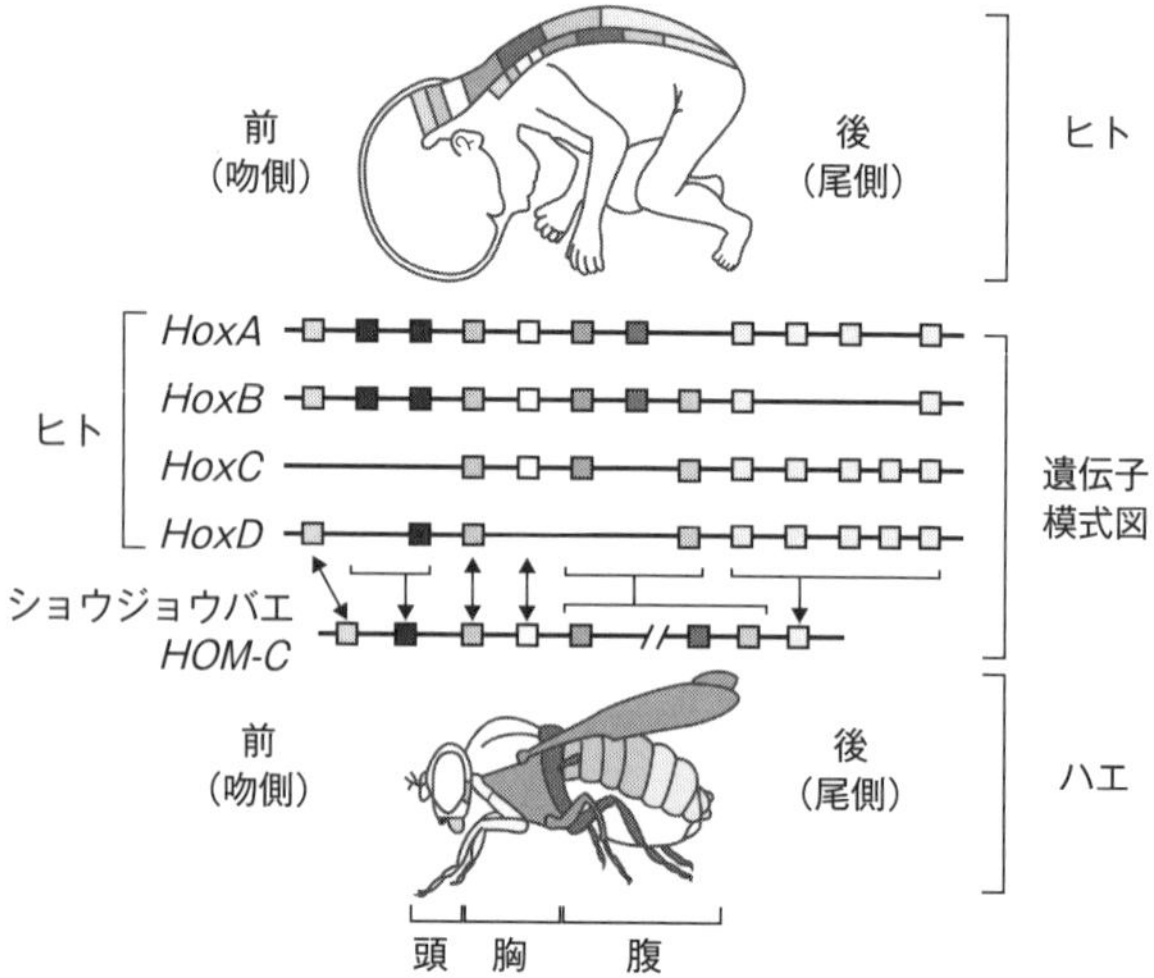

図3－5：ホックス（*Hox*）遺伝子の染色体上での配列と前後軸の関係

それよりも後ろの体節には翅の代わりに1対の平均棍《へいきんこん》という構造があります。ルイスが発見したこの突然変異体は、平均棍が翅に変換していることが分かったので、彼は「余分に胸節がある」と見なすことができるこの変異体をウルトラバイソラックス（*ubx*）と命名しました（ただし実際には、胸節が増えているのではなく、腹節の1つが胸節に運命転換しているのですが）。

この他に、頭部触覚が脚に変換するアンテナペディア（*antp*）など、ショウジョウバエの体の部分を規定する働きのある遺伝子（ホックス遺伝子）が次々に同定されました。

非常に興味深いことに、ショウジョ

ウバエのこれらホックス遺伝子群は、染色体上で一列に並んで存在しており、さらに興味深いことに染色体上の遺伝子の物理的な並び方は、なんと体の中での前後軸に沿った働き方に相関していたのです！（図3－5）

さて、実はホックス遺伝子群はショウジョウバエの体の形を決めるのに重要であるだけでなく、脊椎動物にもその相同遺伝子が見つかりました。脊椎動物の場合は、進化の過程で遺伝子のコピーが増え、4本の染色体上にホックス遺伝子群が順に並んでいます。しかも脊椎動物の胚においても、染色体上のホックス遺伝子の並び方と胚の中での発現パターンには、ショウジョウバエと同様の相関性がありました。

ホックス遺伝子の発見者であるルイスは、前述のニュスライン＝フォルハルトおよびヴィシャウスとともに「初期胚発生の遺伝的制御に関する発見」という功績によって1995年のノーベル生理学医学賞に輝きました。

†相互抑制→境界形成→特殊化というセントラルドグマ

さて、神経管を構成する未分化な細胞たちはシート状に並んで、互いに密にくっつき合っています。このような構造を「上皮」と呼びます。神経管の細胞たちは、押しくらまんじゅうをしながら、ある程度は動くことができます。でも、もし自由に動き回って遠いと

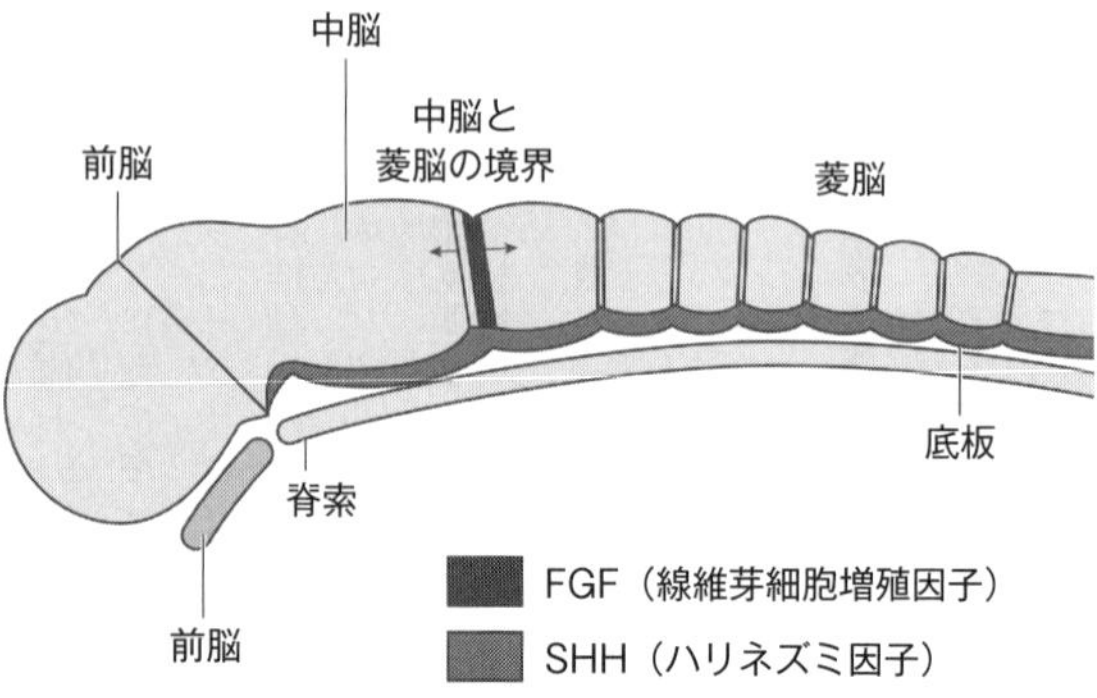

図３-６：中脳と菱脳の境界形成

ころまで移動してしまっては、せっかく誘導因子や転写因子が働いてその細胞の個性を決めても、意味がなくなってしまいますよね。そのため、ある時期に神経管には移動が制限される区画ができるようになります。区画の内側では細胞が自由に動くことができるのに対し、区画を離れての移動は制限されるのです。

区画と区画の境界部分は、やがて別の性質を持つようになります。ここでは、脳の領域化の研究においてもっとも古くから着目され研究が進んでいる中脳と菱脳の境界形成を取り上げて説明しましょう（図３-６）。

神経板が誘導される頃（つまり、神経管が閉じるよりも、境界が形成されるよりもずっと前）、神経板前方部ではOtx2という名前の転写因子が、後方ではGbx2という別の転写因子が発現しています。当初、両者の発現境界は不明瞭なのですが、両者の間には互いに互いの発現を抑え合う活性があります。このため、やがてOtx2の発現の後方限界とGbx2の発現の前方境界はぴたっと接するようになります。

中脳と菱脳の境界形成のしくみは、まずウズラの胚とニワトリの胚を用いた移植実験により詳しく調べられました。脳胞形成期のウズラ胚とニワトリ胚では同じ分子メカニズムが働いており、発生初期の大きさもあまり変わりません。ところが、特殊な染色を行うとウズラ細胞とニワトリ細胞を見分けることができます。そのため、ウズラ胚とニワトリ胚は交換移植実験に適しているのです。

１９８０年代後半に、仲村春和（現東北大学名誉教授）らは、脳胞の発生運命を変えられるかどうか調べるために、縫い針を削ってこしらえた一寸法師の刀を使い、いろいろな移植実験を行いました。中でも、中脳と菱脳の境界部を間脳に移植すると、なんと中脳が誘導されるということが分かりました。これはちょうど、二次軸を誘導するシュペーマンのオーガナイザーの働きそっくりであるといえます。

中脳と菱脳の境界部が特殊化されると、いくつかの誘導因子を分泌するようになります。米国のゲイル・マーティンらは、線維芽細胞増殖因子ＦＧＦを浸みこませたビーズをニワトリ胚の間脳に移植しました。ビーズからはＦＧＦがじわじわと放出され、その周囲に指令を与えます。そうすると、上記の中脳と菱脳の境界部の移植の場合と同様に、ＦＧＦビーズによって新しく中脳が誘導されました。すなわち、中脳と菱脳の境界部はＦＧＦなどを分泌し、オーガナイザーとして特殊化されていると考えられます。

このような「異なる転写因子のペアの相互抑制→境界形成→境界部の特殊化」というメカニズムは、いわば脳の発生の「セントラルドグマ」ともいえる一般的な原理で、他の領域にも認められています。

初期の神経管の中でさまざまな転写因子の発現は、まるで「塗り絵」のようになっています。これらの転写因子の発現の組み合せにより、塗り絵のそれぞれの色の区画はそれぞれの個性を獲得し、異なる発生運命をたどるようになります。

また、区画の境界部は、後の発生において、ニューロンの軸索が伸長する通り道にもなります。つまり、初期の脳の基本プランともいえる位置情報をもった枠組みが、後の発生プログラムでも使い回されるという訳です。なんとも合理的ではないですか！

†大脳新皮質の領野はどのように形成されるか

哺乳類で発達している大脳皮質のさらなる領域化に関しては、非常に関心が高まっています。中脳と菱脳の境界が形成される頃、神経管のもっとも前方部では前脳胞から側方へ

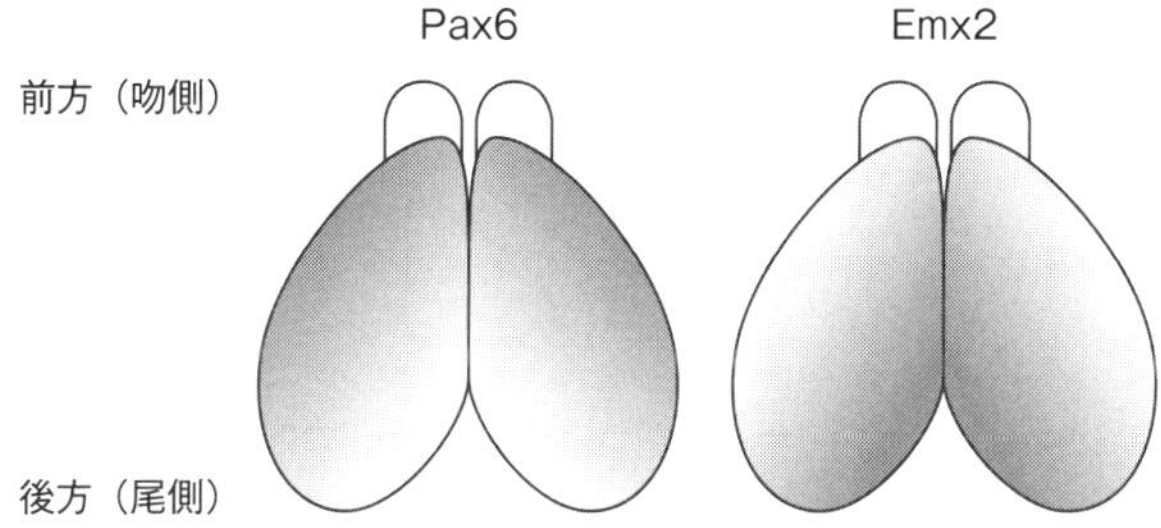

図3－7：大脳新皮質における各転写因子の発現状況

の膨らみとして終脳が形成されます。終脳もＳＨＨなどの働きによって、背側と腹側の運命に違いが生じ、背側は将来の大脳新皮質に、腹側は将来の大脳基底核になります。大脳新皮質は霊長類、とくにヒトでは非常に発達しており、さまざまな機能的「領野」に分かれているということは、第2章で述べました。このような領野はどのようにして形成されるのでしょうか？

終脳背側の中では、Pax6という名前の転写因子が働いています。Pax6はとくに前方と側方での発現が強く、後方や内側での発現が弱くなっています（図3－7）。これとは逆の発現パターンを示す転写因子がEmx2です。

Pax6の機能が失われた自然発症突然変異マウス（*Small eye*）では、大脳新皮質の領野が前にシフトし、逆に*Emx2*遺伝子欠損マウスでは逆に後ろにシフトしていることが明らかにされました。ただし、これらの変異マウスは生後すぐに死亡してしまうため、成体にみられる領域化についての詳細はまだ明らかではありません。

一方、下郡智美（現理化学研究所脳科学総合研究センター・チームリーダー）は、先ほど中脳と菱脳の境界形成に働くことを述べたＦＧＦの局在を変えることにより、大脳新皮質の領域を改変するという、画期的な実験を行いました。マウス胎仔が子宮の中にいる間に、胎仔の脳原基に遺伝子導入するという「子宮内遺伝子導入法」という難易度の高い実験なのですが、将来の大脳新皮質の局所めがけてＦＧＦの遺伝子を導入して、異所性に強くシグナルを働かせたり、ＦＧＦの活性を阻害したりしてみたのです。ＦＧＦシグナルを前方で強めると、みごと感覚野が後方に移動し、前頭葉や運動野が広がりました。逆に、内在性のＦＧＦ活性を阻害すると、感覚野は前方にシフトし、後方に位置する視覚野が広がっていました。このように、大脳新皮質の基本的な領域も主に遺伝的なプログラムにより決定されていると言えます。

第4章　ニューロンが生まれるとき

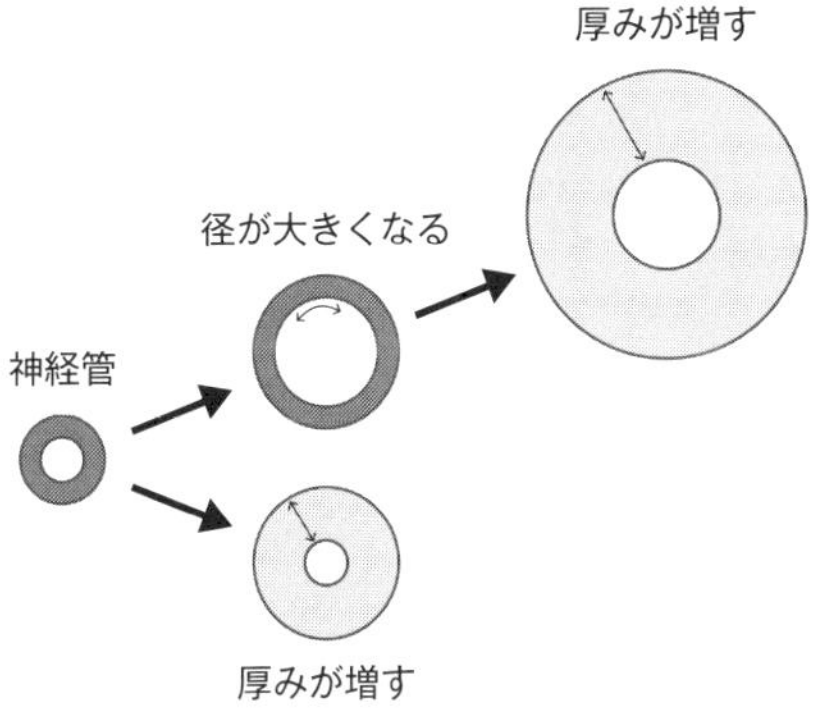

図4－1：神経管の成長過程

発生は「四次元のダイナミックな変化」だとお話ししました。実は、神経管の「領域化」や「区画化」が生じているとき、神経管を構成する細胞はさかんに分裂を繰り返して増殖もしています。このように増殖し、将来、さまざまな脳の細胞を生み出すことのできる細胞のことを「神経幹細胞」と呼びます。神経幹細胞は神経発生の初期に、まず盛んに自己増殖し、指数関数的に細胞数を増やします。やがて神経管の中ではニューロンの分化が開始します。厳密な区別は難しいのですが、ニューロンが作られる時期からは、ニューロンを生み出す細胞のことを「神経前駆細胞」と呼びます。「前駆細胞」は「幹細胞」よりも一歩進んだ段階の細胞です。次章で詳しく扱いますが、生まれたニューロンは神経管の外側にたまっていきます。ニューロン産生のことを英語ではneurogenesis（ニューロジェネシス）と呼びます。

つまり、初期には神経管の径が太くなるような方向に細胞が増え、その後は神経管の厚みが増すような方向にニューロンが産生されていくのです（図4－1）。この間にも神経前駆細胞は維持されています。

発生過程における増殖と分化は、切り離して述べることが非常に難しい事象です。ここでは胎生期における神経幹細胞の増殖とニューロン分化についてもっとも知見が集積している大脳新皮質原基を例にお話しします。なお復習しますと、大脳新皮質原基は、脳胞期において、神経管のもっとも前方部にある終脳の背側部から形成されます（図2－3参照）。

†「お母さん細胞」からニューロンが作られる

繰り返しになりますが、中枢神経系の原基は神経管という管状の構造です。

細かく見ますと、神経管の内側、つまり脳室の面から将来の脳の軟膜面までつながった丈の長い細胞がびっしり並んで存在しています。この細胞が、初期には自己増殖する「神

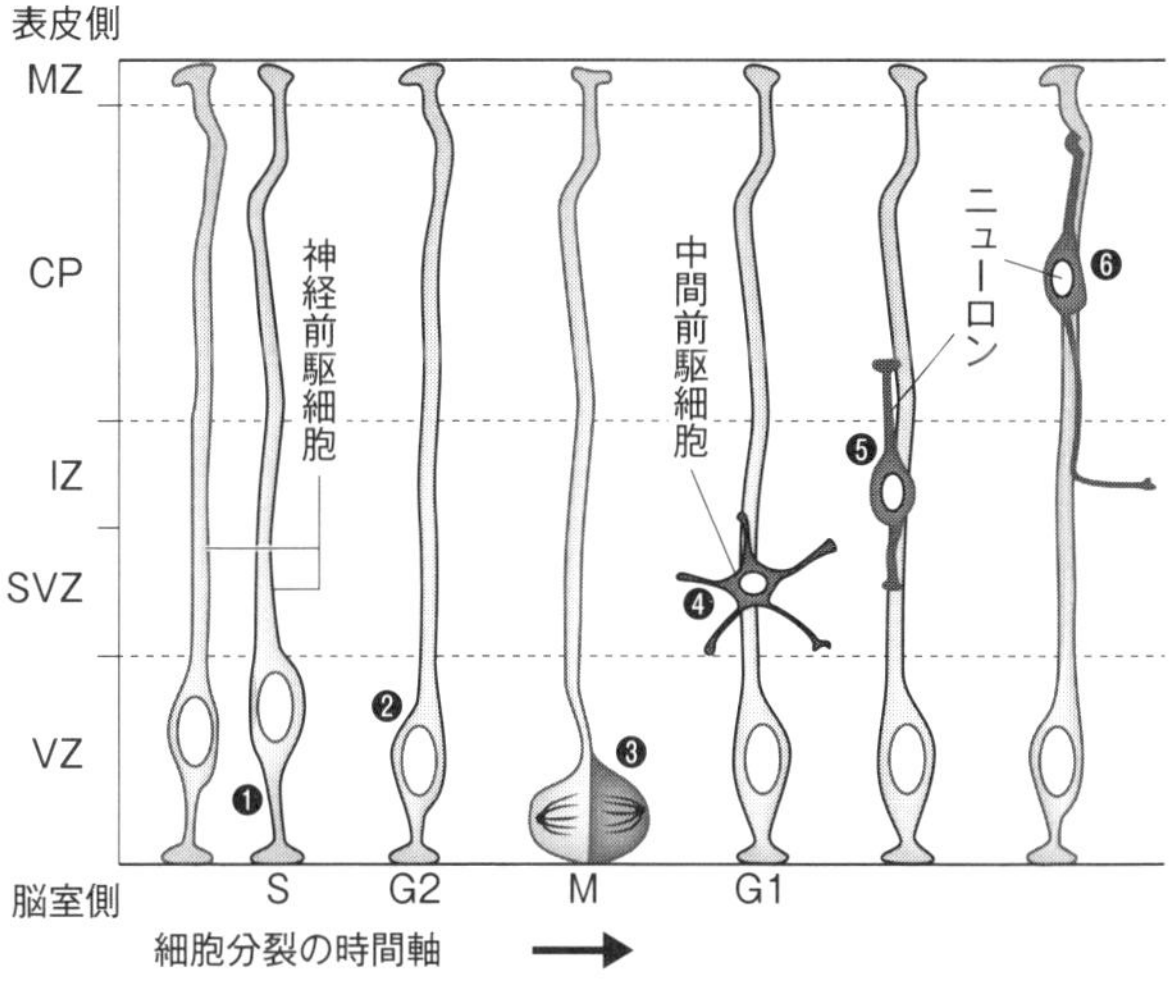

図4－2：「お母さん細胞」（神経前駆細胞）から生み出されるニューロン

経幹細胞」、のちに「神経前駆細胞」としてニューロンや、その後にグリア細胞を生みだす元の細胞です。すなわち神経前駆細胞は〝タネ〟のような働きを持ったお母さん細胞と言えるでしょう。神経幹細胞や前駆細胞の分裂は、基本的には神経管の内側（脳室面）で生じます（図4－2）。

　当初、この細胞分裂が生じる領域のことを「脳室帯（VZ）」あるいは「分裂帯」と呼び習わしてきましたが、実際には神経幹細胞は、長い突起を持って高度に極性の高い細胞です。「極性の高い」とは、細胞が丸っこくなく、特殊化していることを意味します。

　発生の初期には、神経幹細胞が分裂

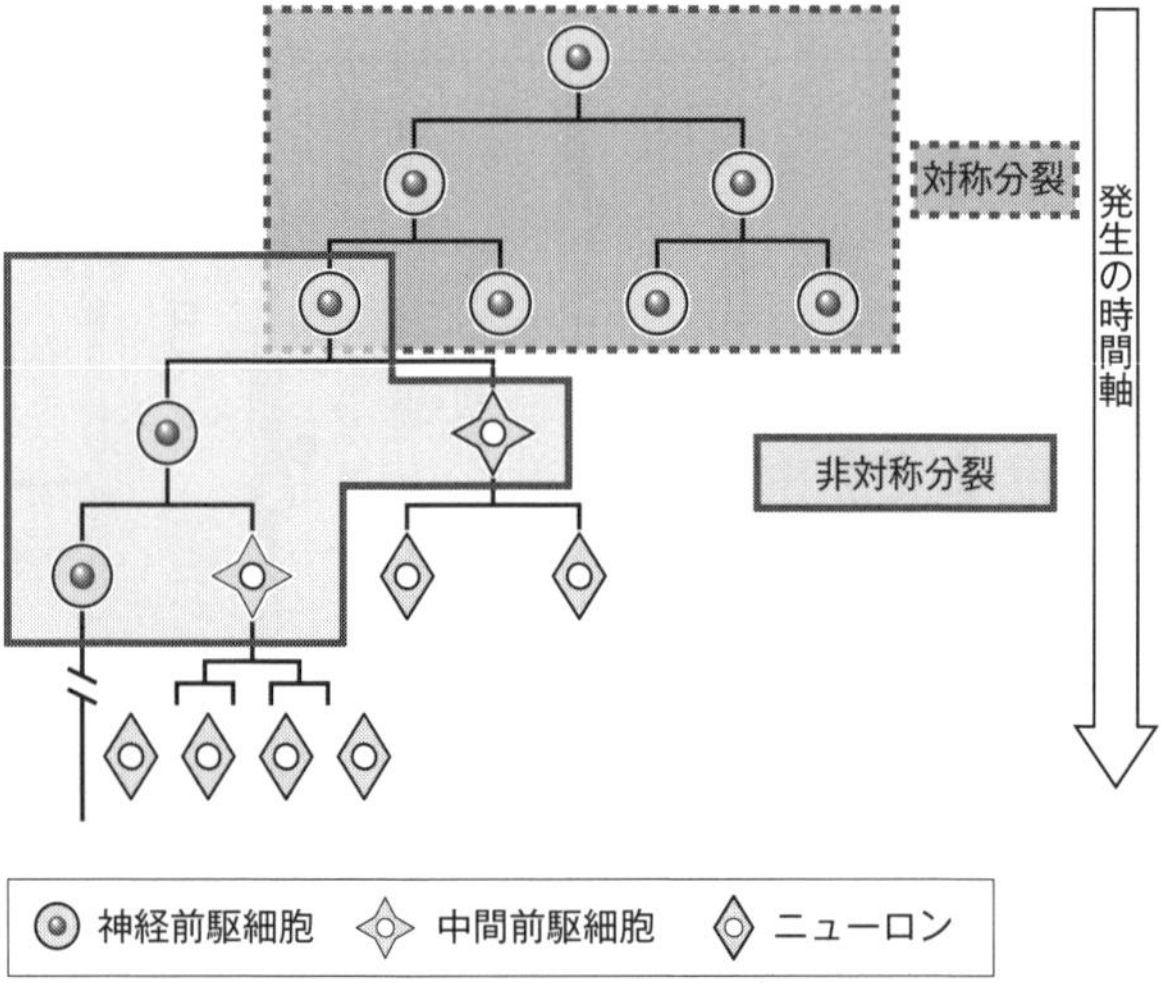

図4－3：神経系の細胞系譜と分裂様式

して、同じ神経幹細胞が2個生まれます。これを「対称分裂」と呼びます。ちなみに、細胞にとっての遺伝情報は染色体を構成するＤＮＡとして書き込まれており、このＤＮＡ二重らせんのそれぞれを鋳型としてコピーが作られる訳ですから、1個の細胞は必ず2個に分裂するのです。一度に3個や4個の細胞が生まれることはありません。この段階は、神経幹細胞が自身の数を増やす段階です。

やがて、神経幹細胞の性質に変化が生じ、神経前駆細胞の段階になると、分裂する際に、1個は神経前駆細胞、もう1個はニューロンになるという「非対称な」分裂が行われるようになります（図4－3）。1個の神経前駆細胞と、1個の「中間前駆細胞」に分裂し、さらに中間前駆細胞が対称分裂を数回繰り返して複数のニューロンを生み出すというパターンもあります。

いずれにせよ、最終的にニューロンになった細胞は、もう分裂はできません。ニューロンとして神経伝達という特殊な機能を果たす細胞として一生を過ごすことになります。

以上のように、「非対称分裂」によって、神経前駆細胞からニューロンに運命づけられた細胞が生まれつつ、神経前駆細胞自身は維持されるので、いわば永遠にニューロンを産生し続けることが可能なことがお分かりでしょう。この後で「成体におけるニューロン産生」のこともお話ししますが、生涯にわたりニューロン産生が可能なのは、胎児期から神経幹細胞や前駆細胞が非対称分裂によって維持存続していくからなのです。

膨大な数の細胞から成る哺乳類の脳では、このような細胞分裂の「系譜」は厳密に記載されている訳ではありませんが、非対称な細胞分裂は、幹細胞や前駆細胞を残しつつ分化した細胞を生み出すための基本原理です。図4－3に大まかな流れとしての「細胞系譜」を掲げておきましょう。

†放射状グリアが「お母さん」

さてもう一度、図4－2を見て頂きましょう。「ニューロンになるべく運命づけられた細胞」は、細長い神経前駆細胞の突起をつたって脳の表面側に向かってよじのぼっていき、「皮質板（CP）」という部分にたまっていきます。このニューロンの動きはちょうど、神経管の外側に向かった、つまり放射方向への移動なので「放射状移動」と呼ばれています。すなわち、神経前駆細胞は、ニューロンを産生するだけでなく、ニューロンが基底膜側へ移動するための足場にもなっているのです。

このような大脳新皮質ニューロンの放射状移動は、1970年代に米国のパシュコ・ラキッチが多数の連続切片の透過電子顕微鏡像から予言し、ラキッチはこの足場となる細胞のことを「放射状グリア」と呼びました。当時はまだ、この足場細胞の実体がよく分からなかったので、ニューロンではない足場の細胞という意味で「グリア」という用語が当てられたものと思います。

その後、米国のアーノルド・クリーグスタインらは、近年開発された経時的イメージング技術により、この放射状移動を証明しました。終脳原基を薄くスライス片にして培養し、緑色蛍光タンパクにより標識した細胞を連続的に観察すると、確かにラキッチが言ったように、非対称分裂により生まれたニューロンは、放射状グリアを足場としてのぼっていったのです。このような経時的な観察を「タイムラプス法」と呼びます。このとき、クリーグスタインらは、ニューロンの放射状移動だけでなく、放射状グリア自体が分裂することも明らかにしました。

実は、1960年代に京都府立医科大学（当時）の藤田哲也《せつや》は、ニューロンを生みだす母なる細胞を「マトリックス細胞」と名付けていました（まだ「幹細胞」という概念がない時代でした）。これは先見性のある名前だったのですが、残念ながら世界的な通称にはなりませんでした。当時、放射状グリアは発生初期に作られる特殊なグリア細胞であり、ニューロンの放射状移動の足場としてのみ働き、ニューロンを生みだすタネの細胞は、放射状グリアの隙間に並んでいるものと考えられていたのです。

ところが、上記のようなタイムラプスイメージングにより、なんと、放射状グリアの形態を示す細胞自体が分裂して、片方の細胞はニューロンとなり、もう片方の細胞は突起を伸ばして放射状グリアとしてとどまって、さらに次の分裂に入ることが、直接に観察されました。すなわち、放射状グリアは厳密な意味では「グリア細胞」ではなく、ニューロンや、やがてグリア系の細胞を生み出すもとになるタネの細胞、すなわち前述した「神経前駆細胞」なのです。

つまり、放射状グリアは、お母さんとしてニューロンを生み出しつつ、子どものニューロンの方はお母さんにまとわりついて脳表面にのぼっていくのです。

ちなみに「ニューロンになるべく運命づけられた細胞」の中には、「中間前駆細胞」として、脳の表面側にのぼっていく途中で、さらに数回分裂する場合もあります（図4－2参照）。相対的に、脳室面は狭いので、このような脳室下帯や、外側脳室下帯と呼ばれる領域で分裂がさかんに生じることは、多数のニューロンを外側に生みだし、大きな脳をつくることに有利に働くと考えられます（第Ⅲ部において、進化の観点からこのことに触れましょう）。

†ニューロン産生時期の細胞周期

重要なことなので繰り返しますが、ニューロン産生とは、放射状グリアという形をした神経前駆細胞が分裂することにより娘細胞としてニューロンを生み出す現象です。

一般的に、細胞分裂は「細胞周期」と呼ばれるステップによって進行していきます。細胞周期は、基本的にはS期と呼ばれるDNA合成期と、M期と呼ばれる分裂期があって、S期とM期の間にギャップ期（G1もしくはG2期）が挟まれます。かつて、分裂期以外の期間は、光学顕微鏡で観察した場合にあまり変化がないので、細胞が単に休んでいる

「間期」と考えられていました。ところが実はそうではなく、間期はＤＮＡの合成が行われたり、次の分裂に備えたり、分裂後の細胞の性質を表すような遺伝子発現が行われたりする大事な時期なのです。

大脳新皮質構築過程において、放射状グリアの核は、この細胞周期に従って脳室帯の幅を行ったり来たりするという不思議な現象が知られています。Ｍ期の核はもっとも脳室側に存在し、Ｇ１期に上昇してＳ期の間ほぼ同じ位置にとどまり、Ｇ２期にまた脳室面におりてくるのです。これは前述の藤田が「エレベーター運動」と呼んだものですが、実際にタイムラプス観察でも認められます。なぜ、核がこのような動きをするのかについては、細胞分裂の際に、細胞同士が動きやすい位置の方が有利だからではないかと考えられています。

また、ニューロン産生が進むにつれ、徐々にＧ１期が長くなって、細胞周期全体の長さも長くなることが知られています。これに対して、Ｓ期の長さはＤＮＡ合成に必要な期間、Ｍ期は細胞分裂に必要な期間なので、かかる時間が物理的にほぼ決まっています。

なぜＧ１期が徐々に長くなるのかについては、まだ未解決と言って良いでしょう。薬剤投与によってマウス胎仔のＧ１期を長くすると、ニューロンの産生が多くなったという実験結果や、ニューロンではより長い遺伝子産物が作られることが必要であるという事実から、G1期が長くなることはニューロン産生にとっての重要な必要条件と考えられます。

一方、筆者らは、徐々にニューロンがたまって放射状グリアの丈が長くなる結果として、細胞周期を進ませるサイクリンというタンパク質が放射状グリアの脳表面側の先端から核に到達するのにかかる時間が長くなる、ということがG1期の延長に繋がっているのではと推測しています。今後の成果が待たれる研究分野と言えるでしょう。

放射状グリアの増殖と分化のプログラム

ここでは、胎生期の神経幹細胞の増殖と分化を制御する分子機構について見ていきたいと思います。まず親分として働く役者として、前述のPax6という転写制御因子を紹介しましょう。

Pax6は上記の放射状グリア、つまりニューロンを生み出す「お母さん細胞」で働いている転写制御因子です。すでに第3章でも説明しましたが、種々の因子の中で、転写制御因子は、いわば「親分」として、子分（＝実行部隊）の遺伝子のスイッチを「オン・オフ」する（転写の制御）働きをします。したがって、転写制御因子は、細胞の性質を包括的に決定することができます。オーケストラの指揮者のように、それぞれの楽器の演奏者の奏でる音がハーモニーとなるようにふるまうのが転写制御因子なのです。

大脳皮質の原基において、神経幹細胞が増殖し、ニューロンを多数、産生する時期に、親分であるPax6がコケたらどうなるでしょう?

私たちはPax6がまったく働かなくなった変異ラット胎仔の大脳新皮質を観察しました。このラットは山之内製薬（当時）の安全性研究所で見つかった自然発症の変異体ですが、Pax6遺伝子に傷が付いています。父由来か母由来のどちらかの遺伝子のみが傷ついた状態を「ヘテロ接合」と呼び、ヘテロ接合の両親に由来する仔の中には、両方の遺伝子ともに傷がついた「ホモ接合」のものが現れます。ホモ接合の胎仔は出生直後に死亡しますが、胎仔の間は生存できるので、Pax6がまったく働かなくなった状態を調べることができるのです。すると、大脳新皮質の厚みが薄くなり、ニューロンの数が激減していました。さらにそれだけでなく、増殖帯を構成するお母さん細胞（放射状グリア）も減っていたのです。これは一見、ややこしい結果です。Pax6が神経幹細胞の増殖と、そこからのニューロンの分化の両方に関わっていることがうかがわれるからです。

実際に、そのような二面的な現象が生じる理由の一つは、子分の違いに求められます。英国のフランソワ・ギルモーらの研究成果から、マウスの大脳新皮質原基において、ニューロジェニン・ツー（*Neurog2*）という遺伝子がPax6親分の子分の一つとしてふるまうことが分かりました。

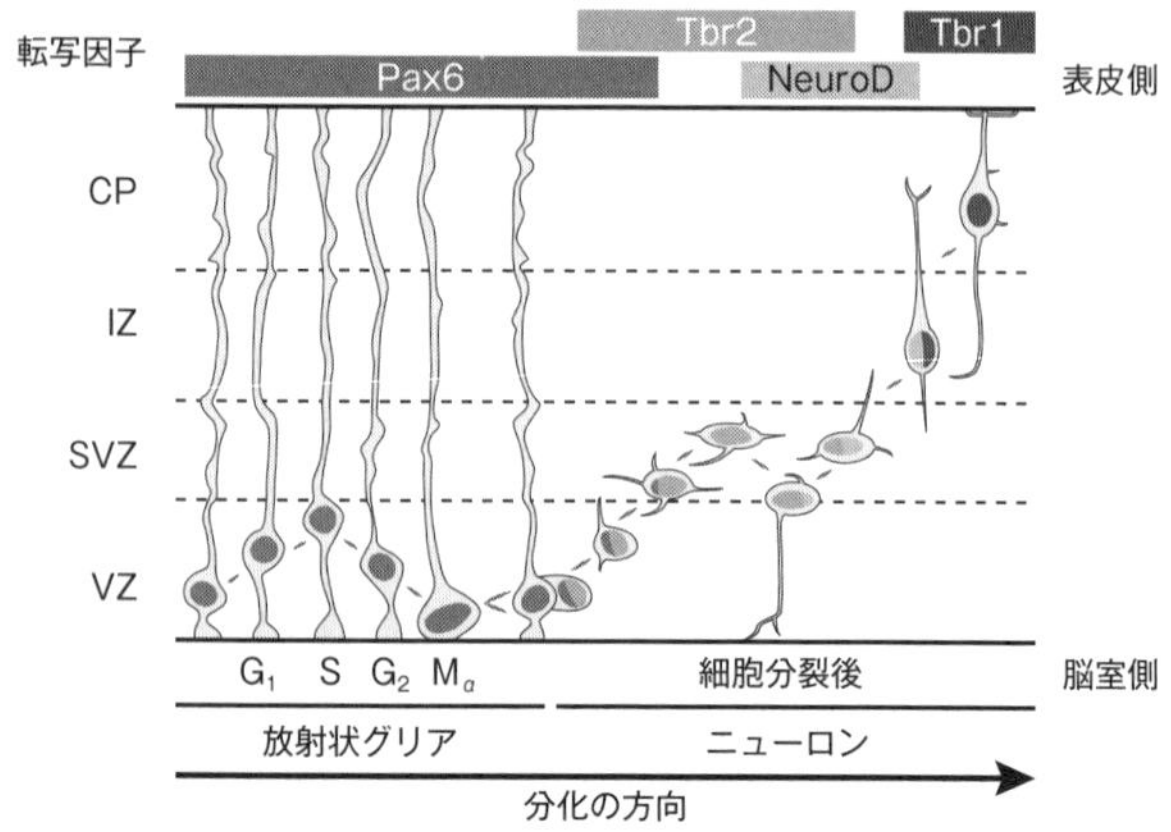

図4-4：ニューロンの分化に関わる転写制御因子

Neurog2タンパク質は強力にニューロン分化を誘導する役者です。「遺伝子」としてのＤＮＡの配列は「情報」を表すのですが、実際にその遺伝子が機能するのは、その遺伝子のスイッチがオンになって、メッセンジャーＲＮＡ（ｍＲＮＡ）の段階を経て、タンパク質になった段階です。したがって、「遺伝子の機能」というのは実際には「タンパク質の機能」を意味しています。簡単に言えばどちらでも同じと思って頂いて結構です。

Neurog2の作用によりPax6の発現は抑制されるので、その時点で神経前駆細胞としての性質を失います。これはいわば、次々と分裂する時期から分裂しないニューロンへ移行し、もう後戻りはできなくなる重要な転換点といえます。

その後、ニューロンへの分化が運命付けられた細胞では、Tbr2（ティービーアールツー）という別の転写制御因子の発現がオンになります。さらにNeuroD（ニューロディー）、Tbr1（ティービーアールワン）という別の転写因子の発現に取って代わるようになります（図4－4）。これが大脳新皮質原基におけるニューロン分化に関わる基本的なプログラムです（分子の名前がたくさん出てきますが、それぞれ大事な役者なのです）。

一方、私たちはラットの大脳新皮質原基を用いた実験から、Pax6の別の子分を見つけました。それは、脂肪酸結合タンパク質をコードするFabp7（エフエービーピーセブン）という因子です。Fabp7はDHAなどの高度不飽和脂肪酸と結合し、細胞内のシャトル分子として、細胞膜やミトコンドリア、核などに脂肪酸を輸送します。脳の細胞にとってアブラが重要だという話を思い出してください。

大脳新皮質原基において、このFabp7はNeurog2とは逆に、神経前駆細胞の増殖維持に働く因子でした。つまり、Pax6は神経前駆細胞の増殖と分化のバランスを調節するという大事な役目を担っている訳です。Pax6がどのようにこの調節をしているのかについては、まだ未解決の謎があります。しかしながら、Pax6が働かないことによって、上記のようにニューロンの産生が減少し、さらに放射状グリアも減ってしまうことによってさらにニューロンの数が激減することになるのです。

未分化な神経前駆細胞からニューロンを生みだす過程でもう一つ重要なメカニズムは、細胞同士のコミュニケーションです。とくに、未分化性の維持、つまり放射状グリアの維持に関わるものとしてはNotch（ノッチ）経路という分子機構がもっともよく研究されています。ノッチは細胞膜に存在する「受容体」というタンパク質であり、同じく細胞膜タンパクであるDelta（デルタ）などを結合相手とします。

ノッチを発現している未分化細胞の隣に、デルタを発現する細胞があって、これらの間に分子同士の結合が生じたとします。すると、ニューロンへの分化を促進する遺伝子の発現が抑制され、その細胞は未分化な細胞として残ることになります。デルタのスイッチが入った細胞が「お先に〜」とニューロンになるときに、タッチされた相手の細胞は「もうしばらく待たなきゃ」と、デルタのスイッチを入れないようにする、という具合です。

このようにして、大脳新皮質原基は神経前駆細胞の数を維持しつつ、どんどんニューロンを生み出していくのです。

†個性をもったニューロン産生のしくみ

上記で述べたのは、終脳をモデルとした神経前駆細胞の維持とニューロン一般の分化機構でした。しかしながら、実際には脳が高次機能を営むには多様な種類のニューロンが関わっています。どのようにして多様な個性をもったニューロンが分化するのか、すなわち、ニューロンの「特異化」についてのしくみを取り上げてみましょう。

ニューロンの特異化は神経前駆細胞、すなわち脳室帯を構成するお母さん細胞「放射状グリア」の段階でなされます。すでに第3章で、背腹軸に沿った領域化において2種類の分泌シグナルの濃度勾配が神経管の位置情報をもたらすことを述べました。ナイーブな神経管の細胞がSHHのシグナルに曝《さら》されると、次にこれらの濃度勾配を読み取ることにより、背腹軸に沿った位置に従って異なる転写制御因子のスイッチが入るようになります。転写制御因子は、細胞の性質を決めるのに重要であることを再度思い出してください。

この段階で、いわば「アナログ」な分泌因子の濃度勾配が、「ディジタル化」されて、転写因子の発現の「組み合せ」に変換されます。これがいわば「暗号」として働き、異なる性質（個性）を持ったニューロンが生み出されていくのです。

最新の研究では、ES細胞やiPS細胞を用いて、培養皿やバイオリアクターの中で人工的な脳組織（脳の「オルガノイド」と呼びます）、つまり脳モドキを作製することもできるようになり、この分野の研究はどんどん進展しています。また、このような研究は、正常な脳構築のメカニズムの理解だけでなく、例えば最近流行が懸念されるジカ熱によってなぜ小脳症が生じるのかの解明にも役立っています。

第5章　ニューロンの移動

前章でも少しだけ触れましたが、不思議なことに、ニューロンは最終的に配置されるところから離れたところで産生され、場合によっては非常に長い距離を移動します。例えば、大脳新皮質を構成するニューロンの中で、興奮性のニューロンは大脳新皮質原基で産生されますが、抑制性ニューロンはそうではなく、終脳の腹側の基底核と呼ばれる領域の原基で産生されてから、大脳新皮質原基に流入してきます（図5-1）。基底核とは、線条体や淡蒼球《たんそうきゅう》などが含まれる部分で、運動の制御などに関わります。

最初から必要なところに作ればよさそうなものですが、異なる性質を持ったニューロンを誘導するためには、異なる区画において異なる誘導因子に曝《さら》す必要があります。大脳新皮質の中で、この細胞は興奮性、隣の細胞は抑制性……という具合に作るのは実は困難なのです。

そこで、発生の過程では、それぞれ別の工場で部品が作られてから、最終的なデザインに従って最適な場所に配置されるという作戦が取られている訳です。

ではまず、興奮性ニューロンの移動からお話ししましょう。

大脳新皮質は層構造

第3章で扱ったように、大脳新皮質は神経管のもっとも前端の終脳胞という膨らみの背側に形成されます。

おさらいになりますが、発生初期においては、脳室帯を構成する未分化な神経幹細胞はもっぱら対称分裂により増殖するため、まず、左右の脳胞はどんどん拡張して膨らんでいきます。やがて、非対称な分裂が始まり、ニューロンに分化する細胞が現れると、これらの細胞は脳室帯から抜け出して脳の軟膜直下に溜まるようになります。このようなニューロンによって構成される層を「プレプレート」と呼びます。プレプレートはその後2層に分かれ、脳の表層には後で詳しく述べる「カハール・レチウス細胞」と呼ばれる大型で星状の細胞から成る「辺縁帯」が、深部には「サブプレート」という層が形成されます。

次に、新たに生まれたニューロンは辺縁帯とサブプレートの間に入り込み、「皮質板」という層を形成します。サブプレートの層にはニューロンの軸索も多数入り込み、「中間帯」という層が形成されます。

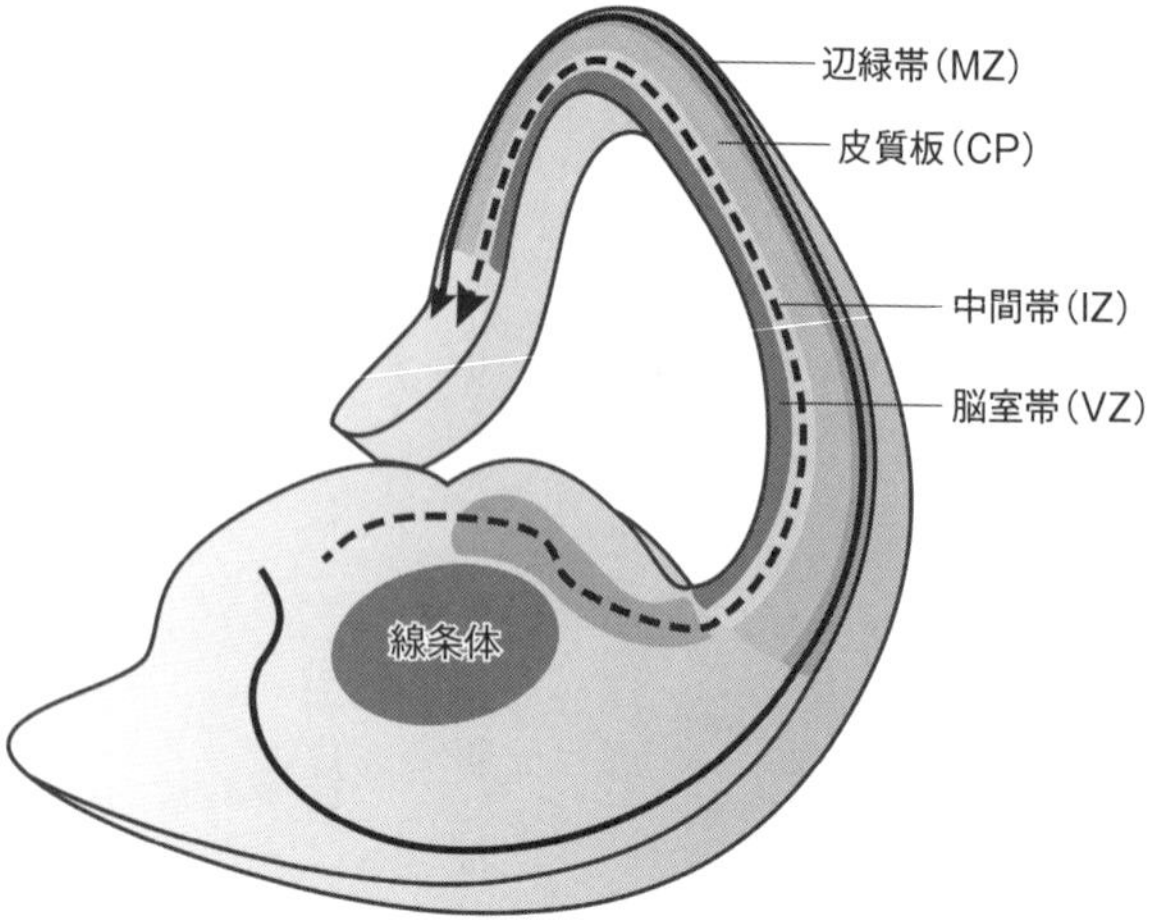

図５－１：大脳新皮質構築における接線方向の移動と、各層の名称

このようにして、発生期の大脳新皮質はおおまかに、脳の表層から、辺縁帯（ＭＺ）、皮質板（ＣＰ）、中間帯（ＩＺ）、そして脳室帯（ＶＺ）という4層から構築されることになります（図５－１）。

†インサイド・アウトの層形成

さらに、胎生期中頃にニューロンの産生に伴い、大脳新皮質はどんどん厚みが増すようになり、最終的には6層から成る層構造を形成します。この過程において、新しく生まれた興奮性ニューロンは、前述のお母さん細胞の「放射状グリア」を足場として脳の表面の方に移動していきます。実は不思議なことに、新しく生まれた、つまり遅生まれのニューロンは、

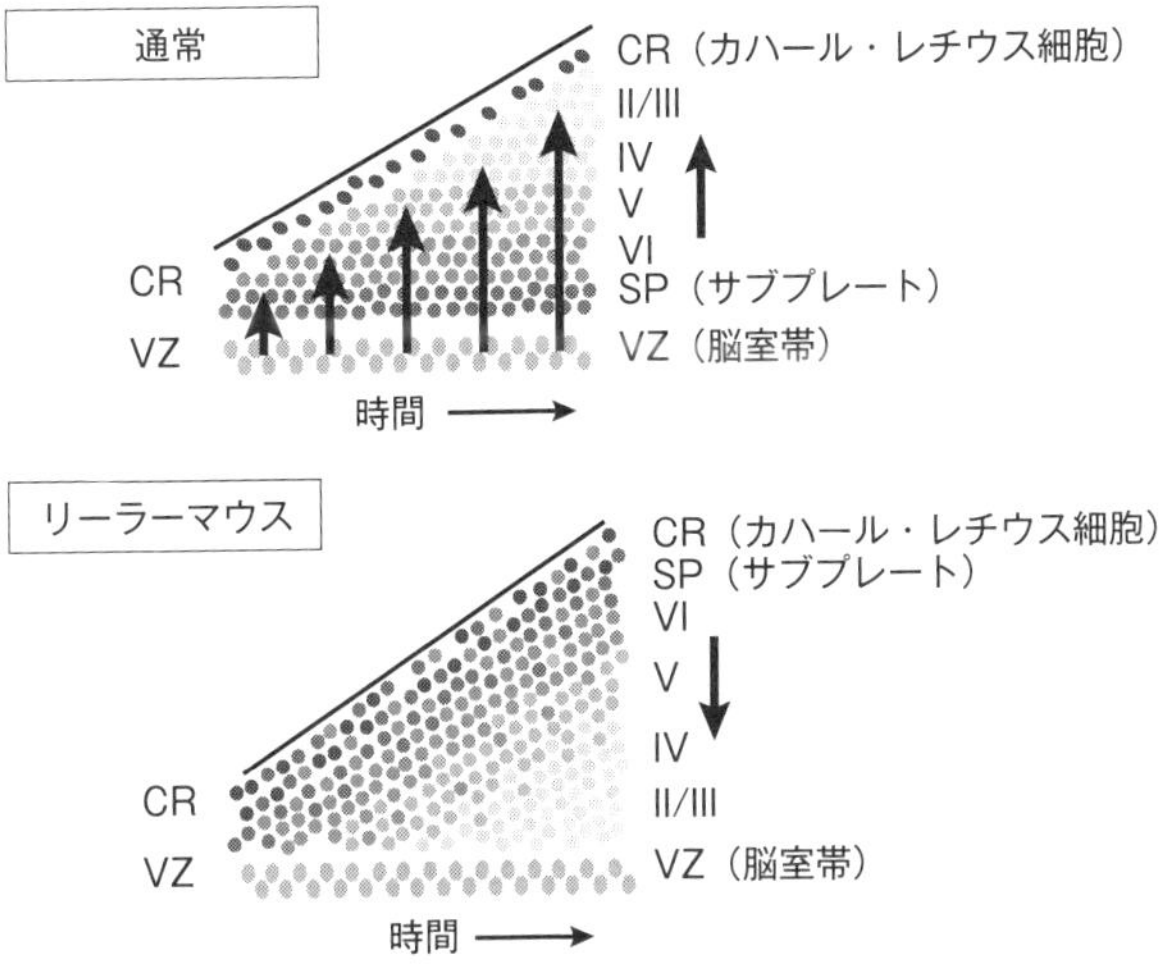

図5－2：大脳新皮質構築における「インサイド・アウト」の形成。下側はリーラーマウスの場合（本文87頁）

先に生まれた早生まれのニューロンを追い越して、さらに表層に移動するという、一見面倒なことをします（図5－2の上）。この事実は、1960年代にオートラジオグラフィーという技術により証明されました。少し詳しく説明しましょう。

オートラジオグラフィーとは、放射性同位元素であるトリチウム（^{3}H）－チミジンを利用した、当時の最先端技術です。核物理学の副産物として作られた^{3}Hが、生物学の研究に応用されたのです。^{3}H－チミジンはDNA合成の際にチミンの代わりに取り込まれます。

マウスは「ハツカネズミ」と呼ばれるように、約20日の妊娠期間があります。米国のリチャード・シドマンらは、胎齢11日、13日、15日の妊娠マウスに^{3}H－チミジンを注射し、仔マウスが生まれて1週間ほど経って脳構築が十分進んだ後、脳を摘出してオートラジオグラフィー標本を作製しました。調べてみると、胎齢11日に標識された細胞はサブプレートに留まっていたのに対し、胎齢13日に標識された細胞は深い第Ⅴ層および第Ⅵ層に存在し、胎齢15日に生まれた細胞は浅い第Ⅳ層、Ⅲ層、Ⅱ層に分布していることが観察されました。すなわち、大脳新皮質で生まれたニューロンは建物が徐々に積み上がっていくように放射状に移動し、脳の内側から外側へ、「インサイド・アウト」に形成されるのです（図5－2）。

この「インサイド・アウト」のニューロン移動が大きな哺乳類型の脳を構築するのに重要であると考えられることについては、第Ⅲ部で取り上げます。

余談ですが、「Inside Out」とは英語では「あべこべ」という意味があり、2015年に公開されたディズニーのアニメ映画のタイトルにもなりました。主人公のライリーという女の子の思春期の矛盾した感情やその脳の中を表すとともに、大脳新皮質構築のことをちょっと知っていると、「ははん、脳の意味も込めているのだな」と楽しくなります。邦題はちょっと説明的な『インサイドヘッド』となってしまいましたが。

†越境して移動するニューロンがある

では、大脳新皮質を構成する抑制性のニューロンはどのような移動様式を取るのでしょうか？

オーストラリアのションセン・タンは、細胞の標識をするのに胚性幹細胞（ES細胞）という細胞を利用することを思いつきました。ES細胞は体の中のどんな細胞にも分化できる細胞です。そこで、後から調べられるように外来の遺伝子を導入したES細胞をマウスの胚に注入します。発生を進ませてから脳を調べると、ES細胞の子孫の細胞は標識されているので、どのように分布するかが分かります。

実験を繰り返して脳を調べてみると、注入されたES細胞に由来する細胞集団には2種類あることを見出しました。1種は、脳の中で放射状に集まって存在するニューロン集団であり、もう1種は、比較的ばらばらに存在する集団でした。さらにこれらのニューロンの性質について神経伝達物質を頼りに調べてみると、放射状に存在していた細胞は、上記で述べた興奮性ニューロン（グルタミン酸放出型）であり、散在する細胞は抑制性ニューロン（GABA放出型）だったのです（図1-3も参照）。つまり、両者はどうも異なる移動様式を示すらしいということが分かりました。

同じ頃、米国のジョン・ルーベンスタインらは、マウス胎仔の終脳のスライス培養を用いて次のような実験をしました。

まず、終脳全体をスライス片にして培養すると、その背側（将来、大脳新皮質になる部分）には興奮性ニューロンと抑制性ニューロンが存在することが分かりました。次に、終脳の背側のみをスライス培養すると、そこには興奮性ニューロンは多数生まれたのですが、抑制性ニューロンの数が激減しました。このことは、抑制性ニューロンはもともと終脳背側には存在していない可能性を示します。

そこで、終脳全体をスライス片にして、腹側（将来の基底核領域）の細胞を蛍光色素で標識して培養したところ、この領域から接線方向に移動し、背側の大脳新皮質原基へ流入する細胞が観察されたのです。

さらに、ルーベンスタインらは、終脳腹側で発現する遺伝子をノックアウトしてみました。すると予想通り、抑制性ニューロンの産生が減少することが分かりました。

このようにして、大脳新皮質を構築するニューロンのうち抑制性ニューロンは大脳新皮質ではなく、遠く離れた終脳腹側に由来し、越境して大脳新皮質に流入することが分かってきたのです（図5-1参照）。

現在ではさらに洗練されたイメージング技術が開発され、例えば村上富士夫（大阪大学

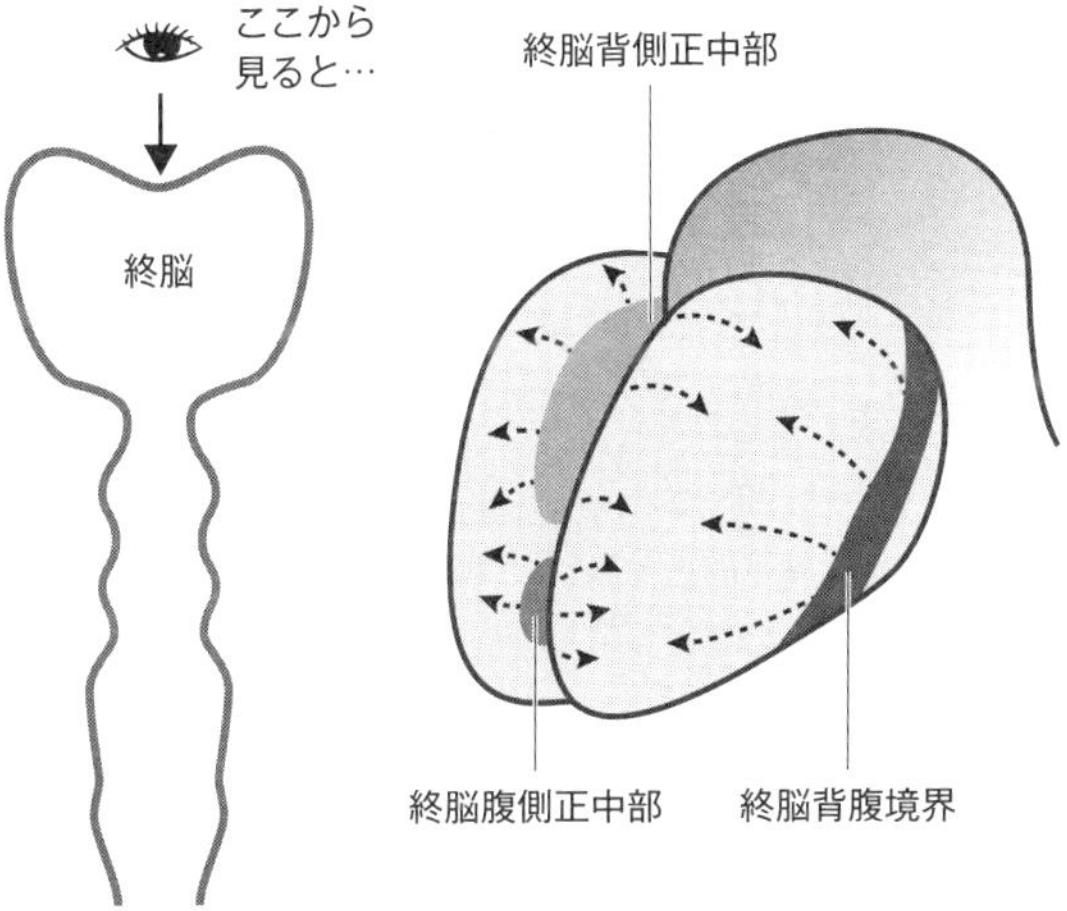

図5-3：カハール・レチウス細胞の産生

名誉教授）らは、培養した終脳のスライス標本などを用いて抑制性ニューロンが実際に接線方向に移動して大脳新皮質原基に流入する様子を可視化しています。

†「動くオーガナイザー」ニューロン

さて、実は一番初め（マウスでは胎齢9・5〜10・0日頃）に産生されるニューロンの性質はちょっと変わっています。このニューロンは「カハール・レチウス細胞」と呼ばれ、19世紀末、前述の「ニューロン説」を提唱したカハールと、スウェーデンのグスタフ・レチウスの二人の名前が冠として付されています。両者は独立に、脳の最表層に存在する特殊なニューロンを見出したのでした。

このニューロンも接線方向の移動様式を取ります。その起源は謎に包まれていたのですが、最近の知見から、少なくとも終脳の3つの領域で特異的に産生され、移動することが示されました（図5－3）。その3カ所とは、終脳背側正中部《せいちゆうぶ》（将来の海馬領域でもあります）、終脳の背側と腹側の境界部分、および終脳腹側正中部です。これらの領域で生まれたカハール・レチウス細胞は、終脳の表面（軟膜側）を接線方向に移動して広がっていきます。

フランスのアレッサンドラ・ピエラニは、カハール・レチウス細胞の生まれる場所や移動様式を明らかにした研究者ですが、この細胞のことを「動くオーガナイザー」と呼んでいます。それは、この後すぐ述べるように、カハール・レチウス細胞の後から生まれるニューロン集団を導く役割を果たしているからです。

†ニューロン移動はどのようなメカニズムで起こるのか

放射状の移動にせよ、接線方向の移動にせよ、ダイナミックなニューロンの移動がどのような分子メカニズムによって為されているのかについて、多数の研究が行われています。ニューロンの移動に関わる分子の種類だけで三桁は軽く超えますが、ここでは先に述べたカハール・レチウス細胞と縁の深いリーリンという分子を取り上げましょう。

脳の作られ方が異常になると、種々の行動異常が生じることが多々あります。例えば小脳は体のバランス等を制御するのに重要な器官なので、よたよた歩きの突然変異マウスは、小脳の構築に異常があることが予測されます。このような形質（表現型とも言います）は比較的簡単に見つけやすく、20世紀半ばに見つかった系統の一つがリーラーマウスです。元になった英語のReelとは「よたよた歩き」という意味です。

リーラーマウスは運動失調と震えを呈し、脳を調べてみると、たしかに小脳の構築が非常に乱れていました。さらに、大脳皮質でもインサイド・アウトのパターンが崩れ、大雑把に言えばアウトサイド・インになっていました（図5-2の下）。

気の遠くなるような遺伝学的解析の結果、20世紀末になって、米国のトム・カランはリーラーマウスの原因遺伝子が、約3000個のアミノ酸から成る巨大な糖タンパク質をコードすることを突き止めました。この遺伝子およびその産物は、リーリンと呼ばれ、実際に小脳のニューロンや、大脳新皮質のカハール・レチウス細胞において発現していました。

では、実際にリーリンはニューロンの移動にどのように関わるのでしょう？　実はこの点においては、神経発生学分野の研究者たちは統一見解には至っていません。

当初、カハール・レチウス細胞で発現していることから、リーリンはニューロン移動の誘引因子（「こっちの水は甘い」）であるか、ストップシグナル（「カハール・レチウス細胞に到達したら動くのを止めろ」）であろうと考えられました。しかし、ことはそう単純ではなさそうなのです。

ちなみに、筆者の共同研究者の野村真《ただし》（現京都府立医科大学）は、リーリンの大事な役割の一つは、放射状グリアの突起を放射状に伸ばすことではないかと推測しています。このこともまた、哺乳類型の大きな脳を構築するのに役立っていると考えられます（第Ⅲ部参照）。

なお最近になって、このようなニューロン移動の制御に関わる分子をコードする遺伝子の変異が統合失調症、てんかん、自閉症等に関わることが分かってきたことを指摘しておきたいと思います。興味のある方は拙著『脳からみた自閉症――「障害」と「個性」のあいだ』（講談社ブルーバックス）をお読みください。

Ⅱ 脳の「発達」——出生から成人まで（20年）

『脳の誕生』の第Ⅱ部では、脳の中で神経の配線がどのようにしてつくられていくのかを取り上げます。その過程は個体の発生期にすでに開始しますが、本章ではヒトの出生前から出生後の発達期にまたがる時間スケール、約20年を取り上げます。

第6章

脳の配線はどのようにつくられるか

脳の神経機能の基本は、ニューロンとニューロンが結合し、神経伝達が行われることです。コンピュータの中の基盤のように、脳の中には多数のニューロンが配置され、複雑な「神経回路」が構築されています。このような「配線」はどのようにしてつくられるのでしょうか?

脳の中にニューロンの配線ができるためには、三つの段階があります(図6-1)。一つ目は、ニューロンが「軸索」というケーブルを伸ばしつつ、正しい道筋を見出すことです。二つ目は、正しい相手を選択する段階。そして最後は正しい相手と結合しシナプスを形成することです。

配線自体は生まれる前から発生の過程において構築されるのですが、第Ⅱ部では発生期も生後発達期も合わせて「発達」のステージとして扱いましょう。胎児期から出生、そして出生後までのヒトの脳のしくみを見ていきたいと思います。

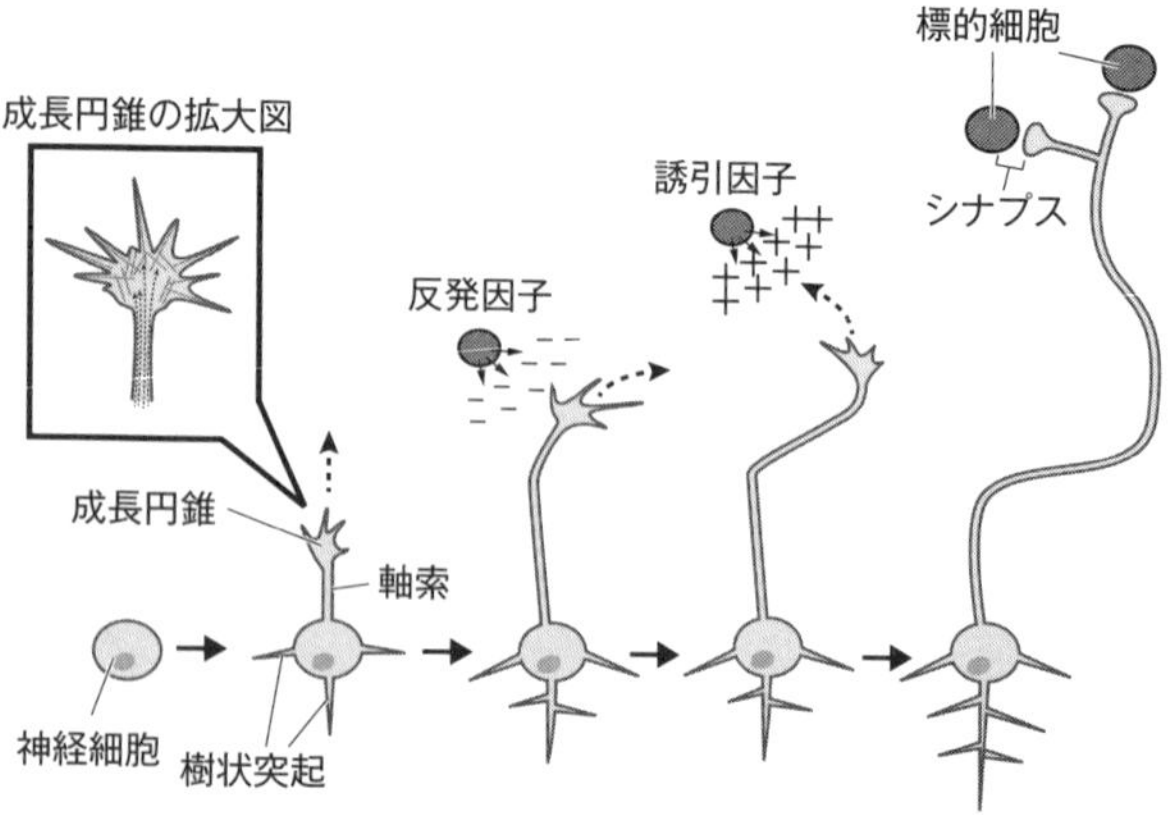

図6-1：神経回路形成のステップ

†配線の第一段階「正しい道筋を見つける」

神経回路の「配線」がつくられるとき、第一段階は「正しい道筋」を見つけることから始まります。まずはここから見ていきましょう。

第1章でも見たように、神経細胞は普通の細胞のようには丸っこくなく、特殊化した細胞です。たいていの場合、長いケーブルすなわち「軸索」があります。軸索が伸びていく、すなわち「投射する」際に、軸索の先端は「成長円錐《えんすい》」という特殊なカタチをしています（図6-1）。

この成長円錐という名前は、1890年代に前述のカハールが付けたものです。成長円錐の部分は手のように広がっており、あたかも真っ暗な道を歩く際に辺りを手探りするように、「センサー」としての機能を果たすのです。また「ガイド」となる分子も軸索の周囲に存在しています。

ちなみに軸索は細長い突起なので、そのカタチを支えるために、中には「骨格」があります。これは、「微小管」という直径約25ナノメートル（1ナノメートル＝10億分の1メートル）の線維性のタンパク質が束となったものです。軸索先端の成長円錐にもやはり骨格組織があります。それは、微小管よりもさらに細い、直径約7ナノメートルの「微細線維」です。微小管や微細線維は、球状のタンパク質が一定の方向に繋がれること（このことを「重合」と呼びます）によって細長い線維状になっています。この他、さまざまな分子たちが神経細胞の先端のセンサー部分である成長円錐で、辺りを手探りすることに関わります。

「センサー」の本体は「受容体」と呼ばれるタンパク質です。このタンパク質が成長円錐の細胞膜に埋め込まれています。軸索をガイドする分子がこの受容体と結合すると、刺激が「シグナル」として細胞内に伝わります。すると成長円錐の指の端の部分（「指状仮《しじょうか》足《そく》」と呼ばれます）が伸びたり縮んだりし、結果として軸索を伸長させたり、反対側に向かわせたりすることになるのです。

つまり、軸索というニューロンのケーブルが伸びる過程では、ガイド因子からのシグナル伝達と、細胞骨格系の再編成というダイナミックな化学反応が生じているのです。このようにして軸索は目的の標的へと伸長していきます。つまり、脊髄に生まれた運動ニューロンなら筋肉へ、大脳新皮質の第Ⅳ層のニューロンなら間脳の「視床」という領域などへ向かい、そこに存在する相手方のニューロンと結合するのです。

†軸索を伸ばすための因子

では、神経軸索が伸びるにはどのような因子が必要なのでしょうか？

軸索が到達する相手の細胞、すなわち「投射先」から何らかの栄養的な因子が放出され、化学的な誘引物質として働いているのではないか、という考え方は、1890年のカハールの時代までさかのぼります。その後、1920年代以降、カエルやニワトリの胚に余分な肢を植えることにより、その過剰肢にも運動ニューロンや感覚ニューロンの軸索が余分に伸びることが観察されていました。第7章で詳しく述べることにしますが、ニューロンが伸びていく先の標的組織から分泌される因子が、あたかもニューロンの「栄養」のように重要なのです。

この栄養因子は、そもそも軸索を伸長させる効果があります。例えば、ニワトリ胚の脊髄神経節を取り出して培養し、脊髄神経節のニューロンから伸び出す軸索の成長円錐の近辺に、ピペットの先端から栄養因子を放出させると、成長円錐はその濃度が濃い方向に向かって方向転換します。つまり、成長円錐のセンサーがガイド因子に反応することにより、軸索は好みの方向に向かうことができるのです。

†軸索ガイド分子その1：接触性の因子

軸索がどのようにして伸びていくのか、分子的な要因を3つ、順に見ていきましょう。

そのメカニズムを知るために、胚から取り出した若いニューロンを培養皿の上で育てる実験があります。培養皿は、かつてはガラスでできていましたが、今ではプラスチックのものが主流です。何もコーティングしていない培養皿の上では、軸索はあまり伸びません。したがって、何か足場としての「基質」が必要であることが考えられます。例えば培養皿を、食品の防腐剤として知られるポリリジンなど多価の正電荷を持つような基質でコーティングすると、通常の細胞膜は負に帯電しているので、軸索が伸長しやすくなります。

また、培養皿の上に、接着性の高い区画と低い区画を作ると、軸索は接着性の高いところを好んで通ることが観察されます。

一般的に、細胞の周囲には「細胞外基質」と呼ばれるタンパク質が存在します。これらの細胞外基質分子（ラミニン、フィブロネクチン、ビトロネクチン、コラーゲンなどがあります）も軸索伸長には必須です。ニューロンの種類によって、どの細胞外基質が好きか、若干好みに差があるようです。

細胞と細胞を結合させるのに必要な前述の「細胞接着因子」という分子群も軸索伸長に関わります。多くの細胞接着因子は同種同士で接着するので、細胞接着因子が互いに受容体としても働いて接着することになります。その結果、同じ細胞接着因子を発現している軸索が寄り集まって束になります。

細胞接着分子の一種である神経細胞接着因子（N-CAM）というタンパク質には、ポリシアル酸という「糖鎖」が結合していて、この糖鎖は電荷を持つために、分子間を引き離す効果があります。磁石のプラスとプラスが反発するような具合ですね。一見、矛盾するようですが、軸索伸長の初期にはポリシアル酸の量の多いPSA-NCAMが働き、軸索同士の結合を緩くすることによって、軸索伸長を促していると考えられます。

多様な細胞接着因子は、初期配線同士の「色分け」にも使われ、混線を防いでいるようです。第2章で登場したカドヘリンという細胞接着分子は、後述するシナプス形成にも関わります。

たくさんの分子が登場してややこしいですが、脳の誕生にはそのくらい複雑なドラマがあるのだとご理解下さい。

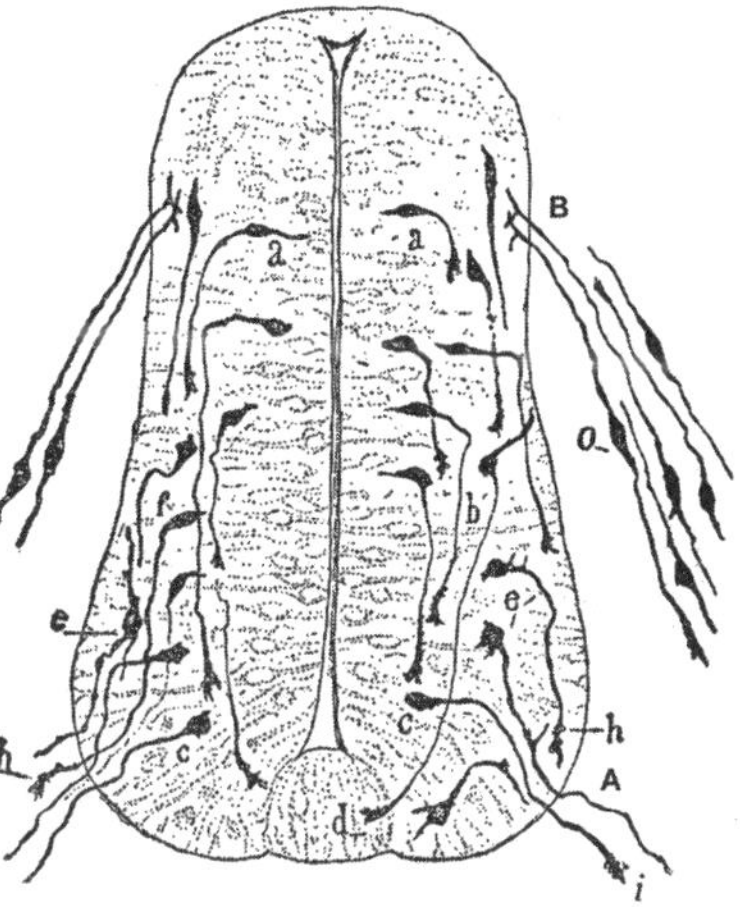

図6-2：カハールのスケッチによる交叉性ニューロンの図。aやbで示されるのが交叉性ニューロン

†軸索ガイド分子その2：分泌性の誘引因子

何度も登場するカハールですが、彼は神経解剖学者らしく、多数の美しいスケッチを残しました（図6-2）。きっと単眼の顕微鏡で見たものを紙に写しとりながら、神経系の発生に思いを馳せていたことでしょう。

ニワトリの胚の脊髄の切片を観察していたカハールは、脊髄の背側部に生まれる「交連ニューロン」に着目しました。交連ニューロンは、腹側に軸索を伸ばしますが、さらに神経管の底板部分を越えて、反対側に投射します。カハールは、このような交叉性の軸索投射がどのようにして起こるのかと考え、「あたかも神

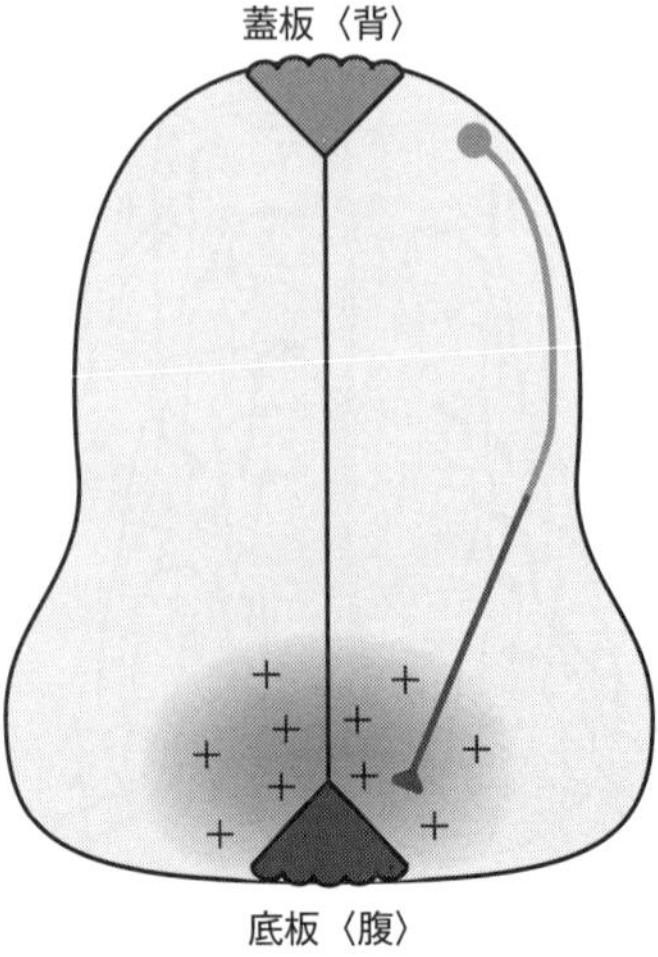

図6－3：ネトリンの働き。脊髄背側に生まれる交叉性ニューロンは底板から分泌される軸索ガイド分子ネトリンに惹き寄せられる

経管の腹側正中の底板から発する美味しい匂いに惹き寄せられるようである」という言葉を残しています。

一世紀を経て、この「美味しい匂い」の実体を明らかにしようとした神経生物学者がいました。先に紹介したジェッセルの研究室にいたマーク・テシエ＝ラヴィーニュは、「美味しい匂い」を発していると考えられるニワトリ胚の神経管腹側正中を、交叉性ニューロンが発生する神経管の背側部とともに培養し、まず底板組織が、実際に神経管背側の交叉性ニューロンの軸索を惹き付ける活性があることを確かめました。

その上で、学生を動員して数万もの

（!）ニワトリ胚の神経管から、ほんの狭い領域である底板を丹念に切り出して集め、タンパク質を溶液として抽出しました。そして、そのタンパク質液の中から、交叉性ニューロンの軸索を惹き付ける活性のあるタンパク質を突き詰めたのです。……書いてしまうと実にあっさりしたものですが、この実験がどれほど根気の要るものであるかは、研究者ならよく分かります。

この因子はサンスクリットで「ガイド役」を意味する"netr"にちなんでネトリンと名付けられました。ネトリンは底板から分泌され、交叉性ニューロンの軸索を惹き付けるのです（図6-3）。

ネトリンの遺伝子が同定され、その遺伝子のノックアウトマウスが作製されてみると、たしかに、交叉性ニューロンの軸索が腹側正中部に向かわずに、美味しい匂いを求めて彷徨《さまよ》っていることも分かりました。また、ネトリンのセンサーとして働く受容体は、免疫系の膜タンパク質として知られるものであることも分かりました。

†軸索ガイド分子その3：反発因子

逆に、軸索を反発させるような因子も存在します。1980年代後半に、米国のジョナサン・レイパーは、網膜のニューロンと自律神経節のニューロンを一緒に培養すると、これらのニューロンの軸索が互いに反発しあうことを見出していました。

　培養ニューロンのタイムラプス観察において、あるニューロンの成長円錐が別のニューロンの成長円錐に接触すると、成長円錐が一旦は壊れて縮んでしまって、その後、別の方向に伸び始める様子が見られました。そこで、レイパーは、成長円錐を崩壊させるシグナルがあるのではないかと推測しました。そこでこの「崩壊因子」を発見し、英語で崩壊を意味するcollapseにちなんでコラプシンと名付けました。

　さらに、コラプシンのタンパク質を規定する遺伝子配列が明らかになると、セマフォリンと呼ばれる似た仲間が多数存在することが分かりました（このような分子の仲間のことを「ファミリー」と呼びます）。そこで現在では、セマフォリンファミリーに属するコラプシンはSema3Aと名前が変わりました。生命科学の分野では、ときどきこのような名前の変更が行われるのがやっかいです……。

　ちなみに、先に軸索誘引因子として挙げたネトリンは、ニューロンの種類によっては反発因子として作用する場合もあります。このように、分子の働きというのは、いつ、どこで働くか、という文脈に依存していることは強調しておきたいと思います。具体的には、細胞内のカルシウムイオンなどの濃度によって、誘引か、反発かの作用が反対になることが知られています。さまざまな分子は互いに助けあいながら働いて、複雑な神経回路が形成されるのです。

†配線の第二段階「正しい相手を見出す」

さて、正確な神経回路（配線）が構築されるためには、軸索が上記のガイド分子を利用して伸長した後（正しい道筋）、第二段階として、その先端の成長円錐が正しい相手方、つまり「標的」の細胞を見分け、最終的にはシナプスを形成しなければなりません（図6－1）。

軸索の終着点付近には似たような細胞がたくさんあるので、このミッションはニューロンにとってかなり大変なことです。

まず、目的の領域に近づいたならば、軸索はこれまで共に伸長してきた軸索束から離れます。次に、標的領域に侵入し、相手方のニューロンを探します。相手の方も樹状突起を伸ばしつつ、繋がるべき相方ニューロンを探しています。両者が出合い、最終的に、結合部がシナプスという特別な構造をとるようになります。

シナプスは神経伝達が行われる場ですが、その前のニューロンを「シナプス前ニューロン」、相手方のニューロンを「シナプス後ニューロン」と呼び習わしています（図1－2参照）。ちょっと馴染みのない言葉ですが、以降の説明に必要なので少しの間覚えていて

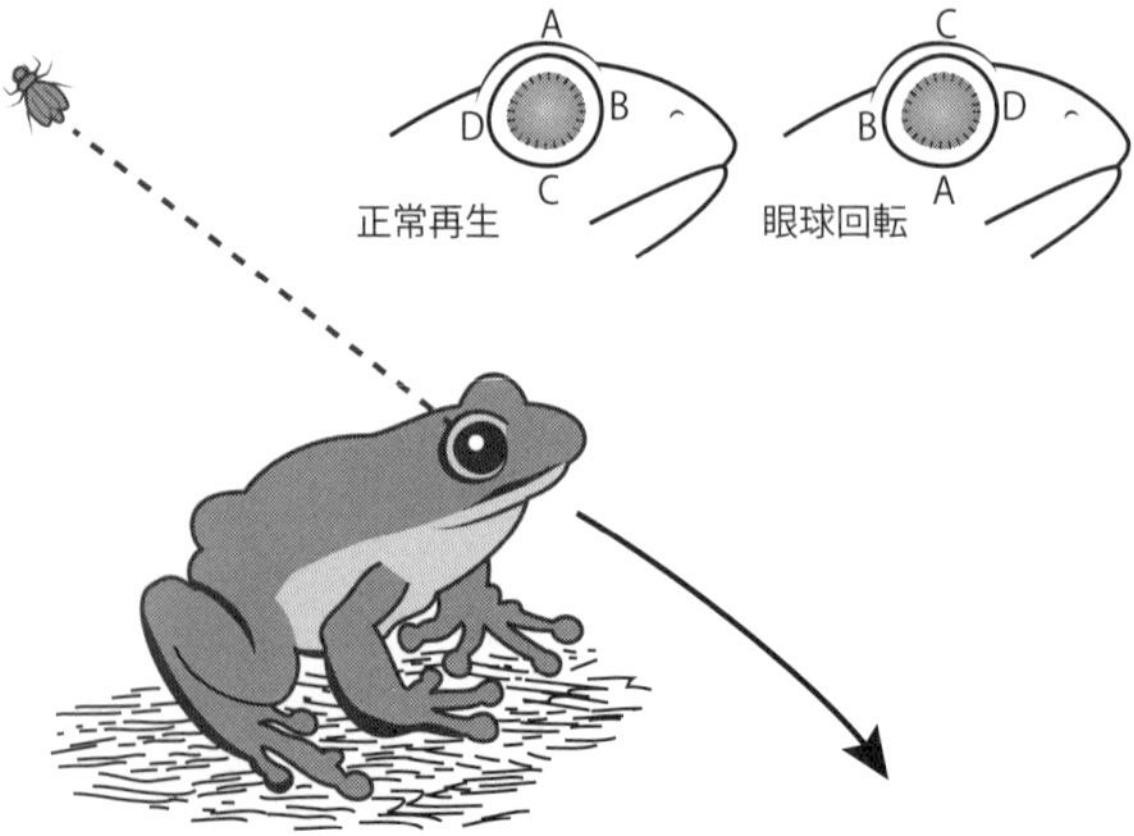

図6－4：スペリーのカエルの実験

ください。

では、例として網膜にある視神経を取り上げ、標的選択のしくみを見てみましょう。

†スペリーによる「化学的標識」の仮説

私たちが見たものは、網膜上の二次元的な視覚情報として捉えられます。それが脳の中に投影されることによって、見たものが認知されるのです。これは、眼の網膜に存在する視細胞というニューロンが、網膜上の位置に従って中脳の上丘（哺乳類以外では視蓋《しがい》と呼ばれます）という脳の領域の特定の位置に投射することによって為されます。このように位置を元にした「トポグラフィック」な投射は、標的選択のモデルとして古くから着目されていました。

再生力の強い両生類では、視神経を切断しても、やがて再び視覚が回復します。1920年代に、米国のロジャー・スペリーは、ニューロンの軸索がいかにして標的を見つけるかという問いに対して、この実験が役立つと考えました。スペリーは、カエルの視神経を切断した後、眼球を180度回転させて再生させてみました。すると、このカエルの視界は上下左右が逆転してしまい（カエルにとっては気の毒なのですが）、自分の後ろにある餌が目の前にあると認識して、前向きに飛び跳ねるようになったのです（図6－4）。

これは、反対向きになった眼球の網膜から視細胞の軸索が再生する際に、元々の標的と結合してしまったからであるとスペリーは推測しました。

スペリーはこの興味深い結果をなんと20年にわたって考え続け、ついに、網膜と視蓋という組織には「番地」のようなタグが付いているのだという説「トポグラフィック・マッピング」を打ち出しました。ちなみに、スペリーは20年間、この問題について考えていただけではなく、左右半球の切断による視覚認知機能に関する研究も行って、「大脳半球の機能分化に関する発見」に関して、1981年のノーベル生理学医学賞に輝いています。

さて、スペリーが考えたのはこうです。網膜の鼻側の視細胞は、視蓋の後方に投射し、網膜の耳側の視細胞は視蓋の前方に投射します。つまり、網膜のある視細胞の番地が「北緯38度、東経140度（＝仙台）」だとして、標的となる視蓋組織の番地（例えば、南緯38

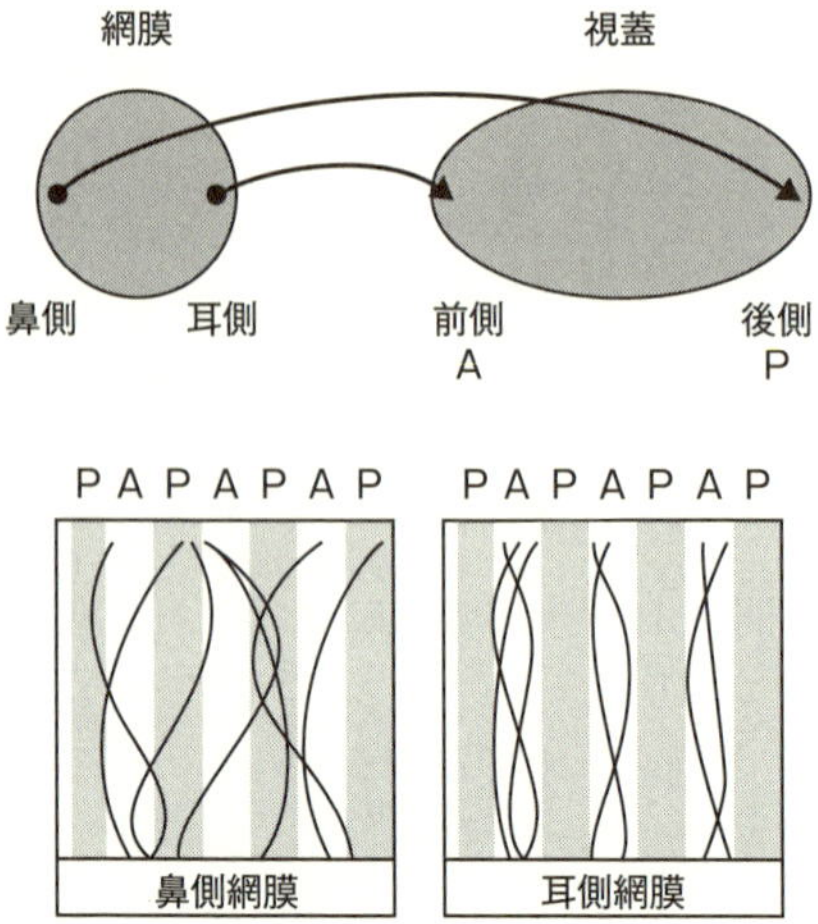

図6－5：ボンヘッファーのストライプアッセイ

度、西経40度＝ブラジル沖）に向かって伸びるしくみにふさわしい化学物質があるだろうとスペリーは推測したのです。

　このスペリーの予言に基づいて、1960年代、70年代に多数の研究者が「番地を与えるような化学物質」を探そうと挑戦しました。しかし、スペリーが予測したような「確かな化学的標識」の証拠を見出すことは誰もできませんでした。

番地を与える分子を追跡する

　ようやく1980年代の後半になって現れた天才は、ドイツのフリードリッヒ・ボンヘッファーです。ボンヘッファーは「ストライプ・アッセイ」と呼ばれる洗練された実験系をあみだしました。「アッセイ」

とは「評価法」のような意味で、生命科学分野でよく使われる用語です。

まず、標的側の組織である視蓋の前方の組織と後方の組織を短冊（ストライプ）状に切り取り、培養皿の上に隣り合わせに並べます。この短冊に直行するような具合に、投射元である網膜の鼻側と耳側の組織を置いて培養します。

すると、網膜鼻側の細胞からの軸索は、視蓋の前方・後方どちらの短冊の上にも伸長するのに対し、網膜の耳側の視細胞の軸索は視蓋の前方のみを好んで伸長したのです（図6－5）。つまり、生体内で生じるトポグラフィックな軸索投射を再現する、よりシンプルな実験系が確立したことになります。このような創意工夫が研究を大きく駆動するのです。

その後、ボンヘッファーは、視蓋後方組織に存在するなんらかのタンパク質が、網膜の頭側に存在するニューロンの軸索伸長を選択的に阻害する因子として働いている（逆に、鼻側の網膜ニューロンには働かない）ことを見出しました。

さらに具体的な分子の探索が続けられ、ようやく1995年になって候補となる分子が発見されました。この分子は膜タンパク質であり、実際に、網膜ニューロンの成長円錐を縮退させる活性を有し、視蓋の後方部に豊富に分布していました。この分子も、最初にボンヘッファーの付けた「反発性軸索ガイドシグナル（RAGS）」という名前から改名され、今ではエフリンA5と呼ばれています。

エフリンA5が網膜―視蓋投射で働く重要な分子であることについての決定的な証拠は、スウェーデンにあるカロリンスカ研究所のヨナス・フリーセンが作製したノックアウトマウスでした。このマウスでは、網膜耳側ニューロンの軸索が正常よりも後方に投射しており、確かにエフリンA5が網膜―視蓋投射のトポグラフィー構築に必要であることが示されました。

網膜と視蓋を繋ぐ軸索投射の場合にも、標的選択をガイドする分子は濃度勾配を形成して、トポグラフィックな投射地図を作っています。シナプス前ニューロンは、自身の生まれた番地に合った相手を、この濃度勾配を感知することにより見出すのです。実際にはエフリンは「反発因子」として働くので、シナプス前ニューロンは「嫌な相手を避ける」ことによって、結果として適切なシナプス後ニューロンと出合うと考えるのが良いでしょう。

†配線の第三段階「正しい相手と結合する」

さて脳の配線の最終段階は、伸びてきたシナプス前ニューロンと、その標的のシナプス後ニューロンとの間に、神経伝達の行われる場となるシナプスが形成されることです。どのようにしてシナプスは形成されるのか、詳しく見ていきましょう。

本章の前半部で、ニューロンの軸索の先端は「成長円錐」という手のような構造になっ

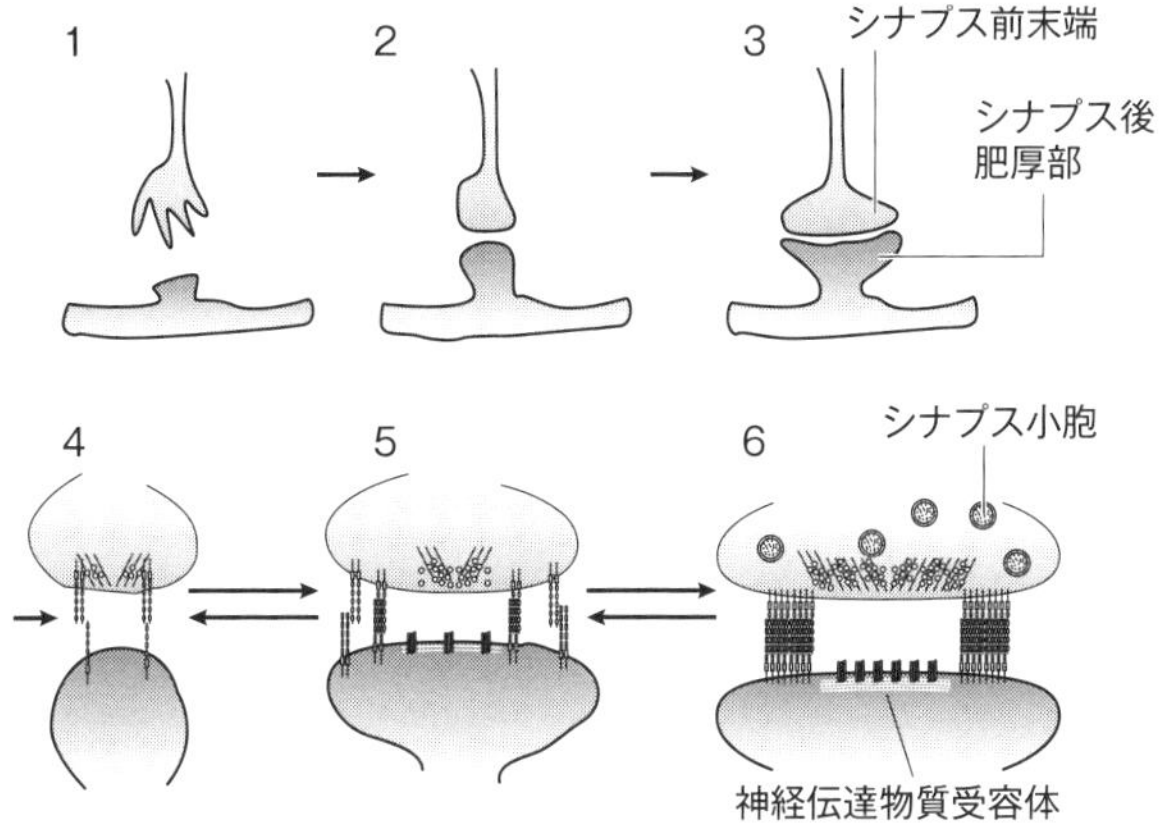

図6-6：シナプス形成のプロセス

ていて周囲の状況を感知していることをお話ししました。標的に向かって伸びた軸索の先端の成長円錐は、適切なシナプス後ニューロンを認識すると、成長を止め、「シナプス前末端」という構造へと形を変えるのです（図6-6）。このことによって、シナプス後ニューロンの樹状突起の対応する部分（シナプス後領域）も特異化し、「シナプス後《こう》肥《ひ》厚《こう》部《ぶ》」が出現します。つまり、シナプスという構造ができるための最初の段階は、成長円錐の形が変わることです。どのように変化していくのか、さらに詳しく見てみましょう。

　まずシナプス前ニューロンの成長円錐の指状仮足と呼ばれる突起が縮んで消失します。次に、シナプス前ニューロンの細胞膜がシナプス後ニューロンの細胞膜に近づいて、細胞と細胞がぴったりと結合します。やがて、シナプスが成熟するにつれ、シナプス前部と後部の間には「細胞外基質」が集積するようになります。細胞外基質とは、先にニューロンの移動のお話のところにも登場しましたが、細胞が分泌する分子で構成された物質です。生体の中の細胞は常に細胞外基質に取り囲まれていると考えてください。

実は、シナプス形成は成長円錐の段階から始まっています。例えば、培養した抑制性のニューロンの成長円錐からは、シナプスの構造ができるよりも前に、神経伝達物質のGABAが放出されます。また、第1章で紹介した神経伝達物質の入った小さな袋である「シナプス小胞」を構成するタンパク質や、シナプス小胞からの神経伝達物質の放出に関わるタンパク質も、すでに成長円錐の段階から局在しています。

未熟なシナプスが成熟するのにかかる時間は思いのほか短く、最初のニューロン同士の接触から数時間以内と見積もられており、シナプス前部の成熟の方がシナプス後部よりも素速いようです。

†シナプス形成で立ち回る分子たち

このように短時間で出来上がるシナプス結合ですが、その形成過程ではさまざまな分子たちが役割を演じて働いています。

まず、シナプスは細胞の結合部なので、細胞をつなぎとめるための分子、すなわち細胞接着関連分子が関わります。初期の接触には、免疫グロブリンと類縁の神経細胞接着分子、さらに、カドヘリンや、ネクチンといった分子も働いています。

また、普通の細胞の結合と異なり、シナプス結合は「非対称」であり、シナプス前部と後部では異なる構造が形成され、異なる分子が集積して働いています。例えば、シナプス後部に存在する膜タンパク質であるニューロリギンは、シナプス前ニューロンの細胞膜に存在するニューレキシンという受容体と結合します。これらの分子はシグナル伝達に関わり、シナプス前ニューロンではシナプス前部のタンパク質やシナプス小胞が蓄積していき、シナプス形成が促進されることになります。

この後登場する「神経栄養因子」というカテゴリーの分子たちもまたシナプス形成に重要な役割を果たします。例えば、脳由来神経栄養因子（BDNF）は、シナプスの数を増加させる働きがあります。BDNFやその仲間の分泌因子は、シナプス前末端からの神経伝達物質アセチルコリン（図1－3参照）の放出を促します。さらに、細胞内の因子としては、カルシウムその他の物質がシナプス前ニューロンの分泌小胞形成を誘導したり、シナプス後部において神経伝達に関わるイオンチャネルの集積を促します。

このようにして、さまざまな分子たちが立ち回りながら、シナプス前ニューロンの成長円錐はシナプス前末端へと変貌を遂げていくのです。

なお、最近の知見から、このようなシナプス形成に関わる分子群の機能に異常が生じ、神経回路形成に軽微な障害がもたらされることが、認知機能の異常や精神疾患の発症と関係するらしいことが次々と分かってきました。神経発生の複雑精緻なメカニズムにほんの少しバグが入ることが、このような脳の病気につながるのです。

†シナプスの成熟に伴う変化

シナプス形成そのものは比較的短時間に進むのですが、幼若なシナプスが大人と同様の働きをするようになるまでには、さまざまな変化が生じることが知られています。

例えば、ラットの大脳新皮質に存在する興奮性ニューロンでは、幼若な頃にはシナプスの興奮性が成体のものよりも長く持続します。また、グルタミン酸を受け止めるNMDA型グルタミン酸受容体が、幼若な頃には閉鎖されていることが多く、「サイレント・シナプス」と呼ばれることがあります。サイレント・シナプスの活性化は、記憶や学習の発達に重要と考えられています。

第7章 ニューロンの生存競争

ヒトの脳なら1000億にも及ぶ膨大な数が作られるニューロンは、すべて生き残る訳ではありません。いわばニューロンの生存競争が繰り広げられるわけですが、その鍵は前章で述べたシナプス形成にあります。標的（パートナー）と正しく結合できて神経活動を行うニューロンは生き残りますが、それができなかったニューロンは死んで排除されていくのです。その量は、脳の領域によって20％から80％にも上るといわれています。つまり、生体は予め必要な量以上のニューロンを産生することによって、バックアップを用意している訳です。

ニューロンの生死に関わる因子にはいろいろありますが、本章ではシナプス結合する標的細胞から放出されてシナプス前ニューロンに作用する逆行性因子を取り上げたいと思います。

†死んでいくニューロンがある

20世紀初頭、実験発生学の華やかなりし時代から、ニワトリの胚や両生類の幼生の片脚を取り除くと、対応する中枢神経の領域や関係する感覚神経節が小さくなることが知られていました。1930年代に、米国のヴィクトール・ハンバーガーやイタリアのリタ・レーヴィ＝モンタルチーニはさらに、標的組織の大きさと、そこに向かって伸びていくニューロンの数の間に相関関係があることを明らかにしました。

例えば、実験的にニワトリ胚の片脚の原基（肢芽《しが》）を除去したとしましょう。そうすると、肢芽に向かって伸びていく感覚神経と運動神経はその標的がなくなってしまうので、その数が減ってしまいます。逆に余分な肢芽を移植すると、それに応じて生存する感覚ニューロンや運動ニューロンの数が増加します（図7－1）。

正常発生において、ニワトリ胚の脊髄神経節に存在する感覚ニューロンは、孵卵4・5日から死に始め、このようなニューロンの減少傾向は約2日半続きます。

ハンバーガーとレーヴィ＝モンタルチーニは、標的を除去すると「死ぬ細胞が増える」ことを観察しました。そこで、標的組織から何らかの「ニューロン生存因子」、つまりニューロンが生きるための栄養的な因子が供給されているものと推測しました。

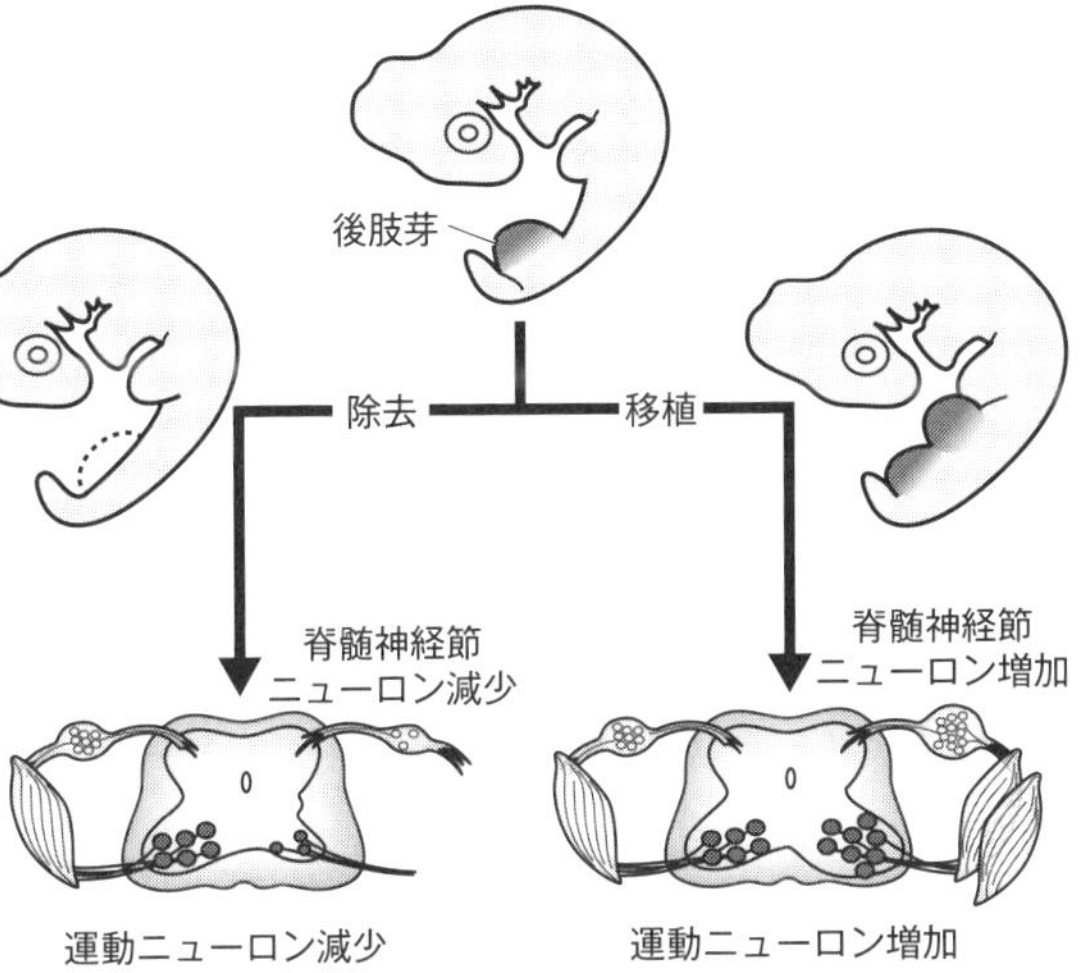

図7-1：ニワトリの胚を用いた肢芽除去・移植実験

†ニューロンの生存を支える因子はなにか

レーヴィ＝モンタルチーニはイタリアで生まれたユダヤ人ですが、第二次世界大戦の最中、ナチの手を逃れて隠れ住んでいたベルギーでも、自宅の寝室を実験室としてニワトリ胚を用いた実験を細々と続けていました。戦争が終わったとき、ハンバーガーにその才能を認められて米国に招聘され、先に述べたニワトリ胚の移植実験はその頃に行われたものです。

次なる挑戦は、ニューロンの生存を支える栄養因子の実体を明らかにすることです。前章で紹介した軸索ガイド分子のネトリンやエフリンの同定の例のように、現代であればさまざまな技術を駆使してこの問いに挑むことが可能です。しかしながら第二次世界大戦直後には、さほど洗練された生化学的技術がありませんでした。標的組織に含まれるごく微量のニューロン生存因子の正体が明らかになるには、数十年を要することになります。基礎研究がいかに時間のかかることかを具体的に説明するために、この実験を少し詳しく取り上げましょう。

まず、レーヴィ＝モンタルチーニは、当時、がん研究のために樹立された種々の「腫瘍《しゅよう》組織」に着目しました。その理由は、腫瘍細胞、つまりがん細胞は非常に増殖力が強いので、きっとその増殖を支える「何らかの栄養因子」を分泌しているに違いない、その中には、もしかしたら、ニューロンの生存にも関わるものがあるのではないかと考えたのです。

そこで、レーヴィ＝モンタルチーニはいろいろなマウスの腫瘍の塊を片端からニワトリ胚の肢芽の近くに移植しました。すると、ある種の腫瘍塊を移植した場合、それに向かって多数の神経が伸びていくのを発見しました。

このとき、腫瘍塊の効果はニューロンの種類によって異なり、脊髄に存在する運動ニューロンの数には変化はありませんでしたが、感覚ニューロンや、交感神経・副交感神経のニューロンが増え、神経節が肥大していました。さらに細かく観察すると、これらの肥大した神経節からは、腫瘍組織そのものに向かって神経突起が伸びているわけでは必ずしもありませんでした。このことは、ニューロンの生存を増やした腫瘍に存在する因子は、接触性ではなく、何らかの分泌性の分子であり、ニワトリ胚の血流を介してニューロンに到達している可能性があることを意味しました。

さらに確かめるため、レーヴィ＝モンタルチーニは、ニワトリ胚に栄養供給をする尿《にょう》漿膜《しょうまく》という組織に腫瘍を移植してみたところ、ニワトリ胚の脊髄神経節がどこでもかしこでも肥大していました。腫瘍からの因子が、血流を介してニューロンの生存を助けていることになります。したがって、マウスの腫瘍からはニューロンの生存を促す因子、すなわち神経栄養因子が分泌されていると結論づけられたのです。

神経栄養因子の実体とは？

その神経栄養因子の実体はどのような分子なのか、レーヴィ＝モンタルチーニの挑戦は次の段階に移りました。

ネトリンやエフリンの同定の場合もそうでしたが、このような未知の因子を見つける場合には、簡素で適切な実験系を確立することが成功への鍵となります。とくに、動物個体を用いた実験よりも、培養組織・細胞を用いた実験にスケール・ダウンする方が、少量の分子の生理活性を調べる上では有利になります。

そこで、レーヴィ＝モンタルチーニは、移植ではなく培養組織を用いた評価系、すなわち「アッセイ系」を確立しようと、ニワトリ胚から自律神経節を取り出し、マウスの腫瘍とともに培養しました（図7‐2のA）。自律神経節の方が脊髄神経節よりも小さいのです。すると、確かに数時間のうちに、自律神経節から多数の神経軸索が放射状に伸び出すことが観察されました。つまり、適切なアッセイ系が確立されたことになります。そこで、マウスの腫瘍組織の成分を生化学的に「分画」し、その効果を上記のアッセイ系で調べることにしました。

レーヴィ＝モンタルチーニはまず、神経栄養因子が「核酸」かどうか調べるために、ヘビ毒に由来する酵素を用いました。ニワトリ胚の培養自律神経節に腫瘍成分を加える際、もしヘビ毒で処理した場合に神経突起が伸びなければ、それは栄養因子としての活性が消失していることを意味するので、栄養因子には核酸が含まれていることになります。

さて、レーヴィ＝モンタルチーニが、腫瘍組織の抽出物にヘビ毒を加えた溶液を培養自律神経節に加えてみると（図7‐2のB）、なんと不思議なことに、さらに一層、神経突起が伸び出していました！　そこで、もしやと思ったレーヴィ＝モンタルチーニは、ヘビ毒だけを添加してみました（図7‐2のC）。すると驚くべきことに、この場合にも自律神経節から多数の神経軸索が伸び出したのです。すなわち、ヘビ毒自体の中に神経栄養因子が

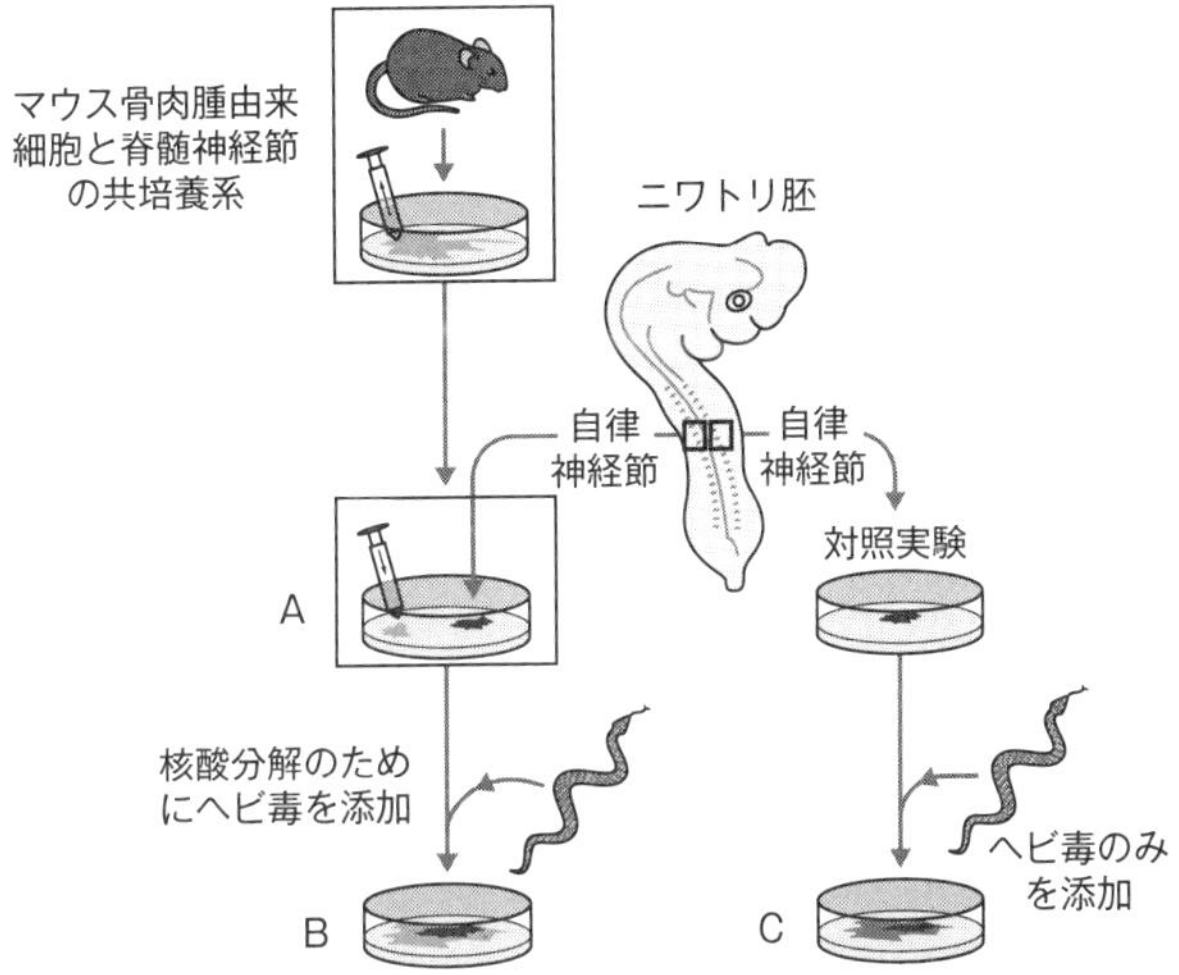

図7-2：レーヴィ＝モンタルチーニの実験

存在していたことになります。

そこで次に、ヘビ毒自体に含まれる因子を探索することになりました。ヘビ毒はヘビの唾液腺から分泌されます。レーヴィ＝モンタルチーニは試しに、ヘビ毒よりも手に入れやすいマウスの唾液腺の抽出物を培養自律神経節に加えてみました。すると、やはり神経栄養効果が認められました。こうして1956年、マウスの唾液腺から、世界で初めての神経成長因子（NGF）が精製されたのです。

さらに、NGFが本当に神経栄養的に働いているかどうかについて、2つの実験が行われました。まず、十分条件を確かめるために、抽出されたNG

Ｆタンパク質をラットの新生仔に注射したところ、感覚神経節と自律神経節が確かに大きくなりました。このとき、ＮＧＦは神経節の肥大化（＝ニューロン数の増加）に関わるだけでなく、軸索の伸長も促進しました。

次に、生体内に存在するＮＧＦがニューロンの生存に本当に必要かどうか確かめるために、ラットの新生仔にＮＧＦに対する抗体を注射しました。すると、抗体がＮＧＦと結合して、その作用を失わせるため、ほとんどすべての自律神経節が消失することが分かりました。こうして、色々な工夫をこらした実験を経て、ＮＧＦは世界最初の神経栄養因子として注目されるようになりました。

†ノーベル賞の栄誉

その後、１９７１年にＮＧＦのタンパク質を構成するアミノ酸構造も明らかにされ、一連の功績により、レーヴィ＝モンタルチーニは、同僚で生化学者のスタンレー・コーエンとともに、ノーベル生理学医学賞を授与されました。時は１９８６年、マウス唾液腺よりＮＧＦが抽出されてから、すでに30年、最初の腫瘍組織を用いた実験からでいえば約半世紀経った頃でした。上記で述べたように、実験の際にさまざまな創意工夫をして目的の宝にたどり着いたことは、レーヴィ＝モンタルチーニのセレンディピティと言えるでしょう。

NGFの必要条件に関しては、さらに1990年代半ばにノックアウトマウスが作製されて確かめられています。レーヴィ＝モンタルチーニは2012年に103歳で亡くなられました。弾圧の時代も乗り越え、最後まで研究活動をされた偉大な研究者でした。

†神経栄養的に働くその他の分子たち

もう一度、神経栄養因子についておさらいしましょう。シナプス前ニューロンの軸索先端が、正しい位置に到達した後、最適な相手方、すなわちシナプス後ニューロンの樹状突起を探して、シナプスという結合部を形成します。後述しますが、シナプス形成の最終段階では、神経活動に応じて、シナプス結合が強くなったり弱まったりします。シナプス結合ができなかったニューロンは、標的からの神経栄養因子を受け取ることができずに、細胞死を起こしてしまいます。このようにして、脳の中の配線ができあがるのです。

NGFに代表されるような神経栄養因子は、ニューロンの細胞膜に局在する受容体と特異的に結合して、その作用を発揮します。それぞれの栄養因子は、それぞれ異なる標的組織に局在し、そこに投射するニューロンには対応する受容体が発現しているのです。前述のBDNFも神経栄養因子の一種ですが、その働きはニューロンの生存だけでなく、軸索伸長、シナプスの機能亢進など多岐にわたり、最近では、うつ病との関係も指摘されています。繰り返しますが、種々の精神疾患の罹りやすさの背景として、神経発生発達過程の複雑なプログラムに、ほんのちょっとしたバグがあるためと考えられています。

各種の成長因子や免疫系で有名なサイトカインも、ニューロンの生死に関わります。また、エストロゲンのようなホルモンもニューロンの生存に必要であることが知られています。多数の物質名がでてきて混乱するかもしれませんが、神経発生というのはきわめて複雑精緻なプロセスなのです。

第8章　生後の脳の発達

これまでに述べてきた発生事象は、胎児期の間に生じるものです。しかしながら、生まれたばかりの個体の脳は、その時点ですでに完成している訳ではありません。本章では、ニューロンより遅れて産生されるグリア細胞について紹介するとともに、おもに個体が生まれた後に、どのような変化が脳の中で起きているのか、シナプス結合がどのように精緻なものに変化していくのか、そしてそのような変化がとくに問題となる「感受性期（臨界期）」について見ていきたいと思います。

†ニューロンの隙間に、グリアあり

脳の中には、ニューロン以外にも細胞が存在していることを思い出してください（第1章）。「膠《にかわ》のようにニューロンの隙間を埋めている細胞」、グリア細胞です。

ヒトではニューロンと同程度の数のグリア細胞が存在します。グリア細胞は基本的にはニューロンの働きを助ける細胞ですが、最近になって、グリア細胞の示す多様な機能、すなわち神経回路形成や脳機能のメンテナンスに重要な役割を果たすことが分かってきました。

では、3種のグリア細胞がどのようにして生じるかについて触れ、次にニューロンの軸索がどのようにして髄鞘化《ずいしょうか》されるのかを見ていきましょう。

†グリア細胞はどのように生まれるか

おさらいをすると、グリア細胞にはアストロサイト（星状膠《こう》細胞）、オリゴデンドロサイト（希突起膠《きとっきこう》細胞）、その前駆細胞（OPC）、ミクログリア（小膠《しょうこう》細胞）の4種があります（図1－1参照）。

グリア細胞はニューロンよりも遅れて「お母さん細胞」である放射状グリアが非対称に分裂することによって生じます。大脳新皮質原基においては、ニューロンの爆発的な産生が終わる頃、出生前くらいからアストロサイトが作られ始め、出生後にオリゴデンドロサイトが作られます（図8－1）。

時間の経過とともに、共通の神経前駆細胞からどのようにしてニューロン、アストロサイト、オリゴデンドロサイトという異なる細胞が産生されるようになるのかについては、

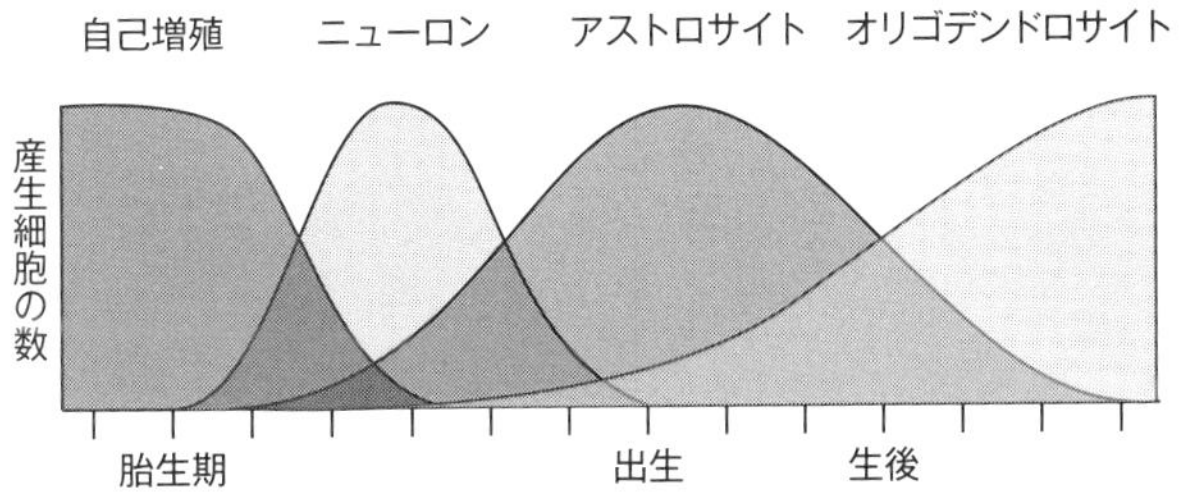

図8-1：時間の経過と脳で産生される細胞の数の変化。ニューロンの後にグリア細胞（アストロサイト、オリゴデンドロサイト）が産生される

まだ不明な点も多いのですが、少なくとも、第4章で述べた放射状グリアの維持に関わるノッチ経路が放射状グリアからアストロサイトへの分化も制御することが知られています。実は、「グリア」という分類名だけでなく、放射状グリアとアストロサイトにはこの他にもいくつもの共通点があります。

ごく最近の研究成果として、九州大学の中島欽一らはヒトiPS細胞由来の神経前駆細胞の培養系において、低酸素環境にすることによってアストロサイトの産生を増加させることができることを報告しました。従来、ヒトは胎生期が長いため、ヒトiPS細胞から作製された神経幹細胞をさらにアストロサイトへ分化させるには、約200日もの長期間培養が必要とされていました。中島らは、低酸素条件で培養することにより、効率よくアストロサイトを産生し、脳の病気の治療に役立てたいと考えています。

†出生前から生後にかけてつくられるオリゴデンドロサイト

第1章で、グリア細胞の一種であるオリゴデンドロサイトがニューロンの軸索に巻きついて絶縁ケーブルができるという「髄鞘化」について述べました。髄鞘化に関わるオリゴデンドロサイトは、マウスの大脳新皮質原基では、出生前から作られ始め、生後2週目頃にピークを迎えることが知られています。ただし、脊髄や終脳腹側（基底核原基）では、アストロサイトよりも先にオリゴデンドロサイトの産生が開始します。前述のヨナス・フリーセンは次章で述べる方法により、ヒトの脳のオリゴデンドロサイトが、ほとんど出生後に産生されると報告しています。

終脳において、オリゴデンドロサイトは、まず腹側正中部、次いで腹側の側方部、出生後に背側部から産生されると知られています。先に運動ニューロンの発生で紹介した（第3章）ハリネズミ因子SHHは、実はオリゴデンドロサイトの分化にも関わります。

この他に、FGFや血小板由来増殖因子PDGFなどの分泌因子が放射状グリアに働きかけることによりオリゴデンドロサイトの産生が誘導されます。放射状グリアの細胞内では、SHHによって誘導される転写制御因子がオリゴデンドロサイトの分化運命決定に、もっとも重要とみなされています。

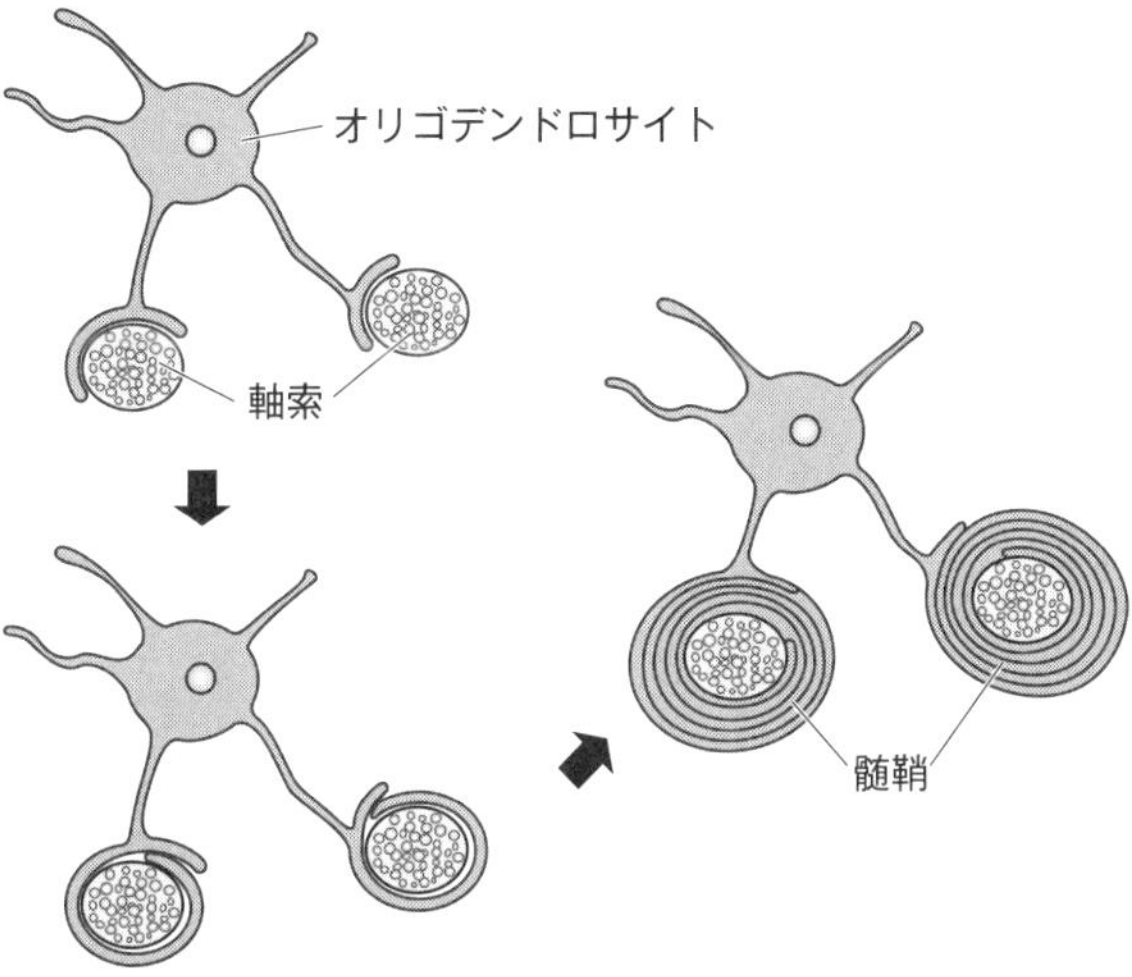

図8－2：髄鞘化のしくみ

†髄鞘化のメカニズムと、リン脂質の膜

神経伝達のスピードアップを可能にする絶縁体の形成、つまり髄鞘化は、どのように起こるのでしょうか。その様子を生体内で実際に観察することは現在の技術では不可能ですが、培養系で観察された結果をもとにすると次のような具合になっています（図8－2）。

数本の軸索が寄り添って束になったところに、オリゴデンドロサイト前駆細胞の突起がまとわりつきます。突起が一巻きするごとに、細胞膜と細胞膜の間の細胞質の部分は押しのけられていきます。こうして、オリゴデンドロサイトの成熟とともにリン脂質の二重膜が次々と重なりバームクーヘン状になっていくのです。

前述のように、脳の中で「白質」と呼ばれる白っぽい領域は、このような髄鞘化した神経線維が多数集まった部分です。したがって、この部分にはスフィンゴミエリンやコレステロールなどの脂質がとても多く存在します。第1章で述べたように白質の乾燥重量の約55%が脂質であり、細胞体が存在する灰白質では約30%が脂質です。

前述のフリーセンは、オリゴデンドロサイトそのものは、生後に生み出された後、数はあまり変わらないものの、髄鞘自体はターンオーバーしていることを見出しています。つまり髄鞘も分子のレベルで「代謝回転」(第1章)している訳です。髄鞘を構成している成分として脂質が重要であることを考えると、食物からの栄養摂取が脳の機能にいかに影響を与えるかお分かり頂けるでしょう。

繰り返しますが、皮下脂肪を別にして(笑)、脳は体の中でももっとも「アブラっぽい」組織といえます。この点は、第Ⅲ部の脳の進化で、また考察したいと思います。

†シナプス除去によって伝達の効率化を図る

第7章では「ニューロンの生と死」として、生体では必要な数よりも多数のニューロンを産生しておいて、後で必要なものだけを残して残りは自殺していく、ということをお話

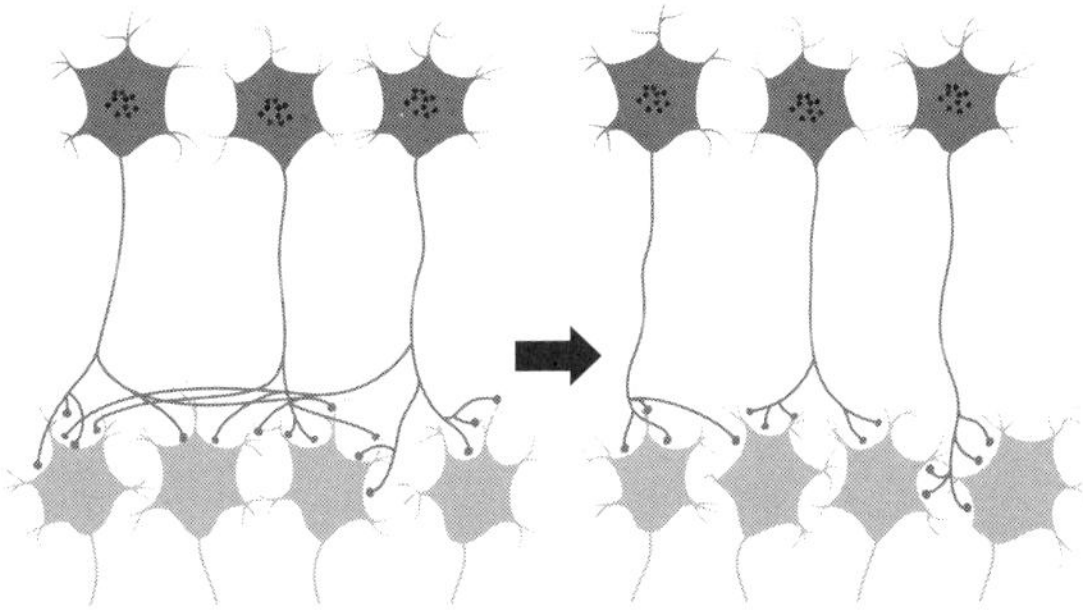

図8-3：シナプス除去

しました。これと同様に「後で必要なものだけを残す」しくみが、シナプス形成においても認められます。これが「シナプス除去」もしくは「シナプス刈込み」という現象です（図8-3）。

シナプスは神経伝達が生じる現場なので、それが除去されるというのは何かマズイことが起きるような気がしますよね？　でも、このようなシナプス除去によって、神経伝達が「悪く」なる訳ではないのです。むしろ逆で、無駄な神経伝達が減ってシンプルになることによって、神経伝達の効率は向上します。なぜなら、必要のないシナプスが除去されると同時に、特定のシナプスの結合が強まる、すなわちシナプスが強化されているからなのです。

ヒトにおけるシナプス形成期およびシナプス刈込み期における樹状突起の変化は図8-4のよう

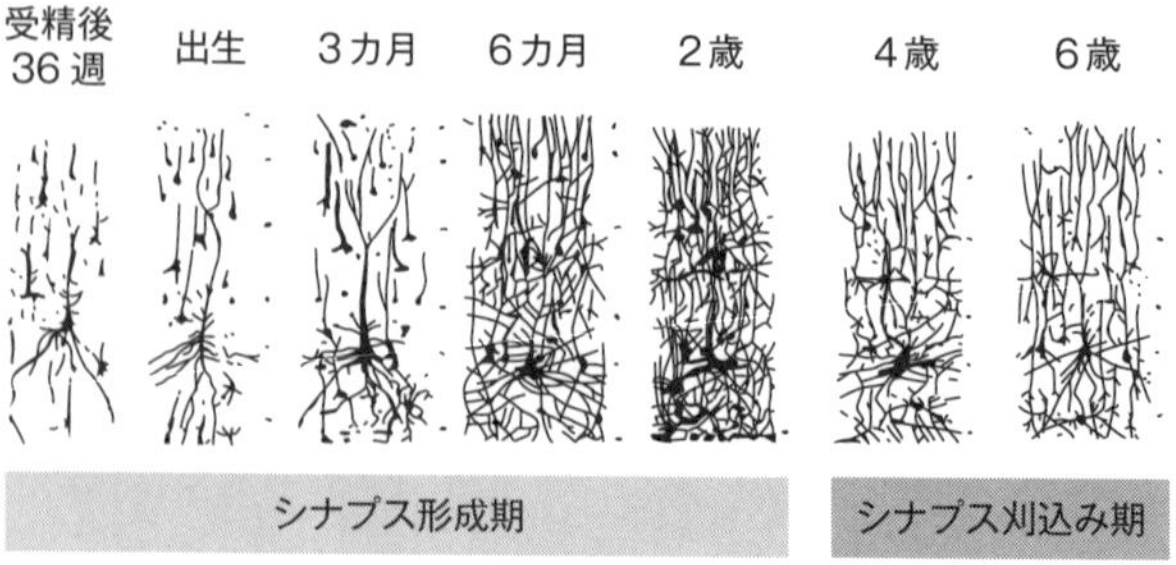

図8－4：ヒトの脳の発達期におけるシナプスの変化。シナプスはいったん過剰に形成された後に、刈込みによって整理され、より強固なシナプスが形成されるようになる

に考えられています。生後2年くらいの間に多数のシナプスが形成され、それが4歳から6歳となる間に刈り込まれていくのです。これは、子どもの成長に合わせて徐々に、本当に必要なシナプスが残されていく重要な過程と考えられます。

ちなみに自閉症児ではシナプスの刈込みが悪いことによって、混線状態が生じているのではないかとも推測されています（図8－5）。また、統合失調症の患者では、青年期以降にシナプス数が減少すること、アルツハイマー病の患者の場合は、加齢期に急激にシナプス数が減少するものとみなされています。

†視覚系における選択的シナプス除去

21世紀も15年以上過ぎた今日では、やや「古典的」にも見えますが、1960年代から70年代にかけて、米国のデヴィッド・ヒューベルとスウェーデンのトー

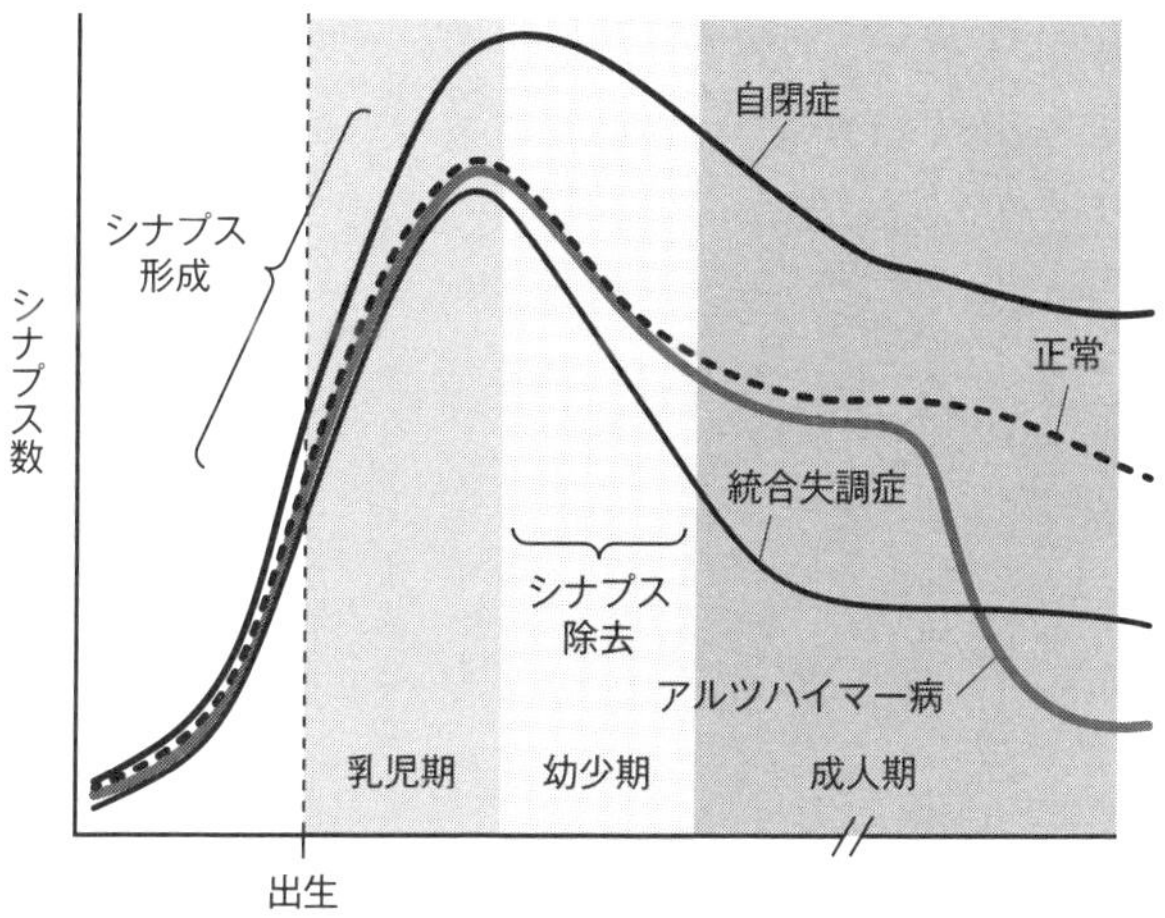

図8－5：神経発達および精神疾患や加齢に伴う樹状突起シナプス数の変化

ステン・ウィーゼルは、視覚のメカニズムを調べるために一連の実験を行いました。ここでは有名な「眼優位カラム」を取り上げます。ちなみに、彼らは1981年に「大脳皮質視覚野における情報処理に関する発見」でノーベル生理学医学賞を受賞しています。

私たちは両眼からの情報を利用してモノを見ています。したがって、大脳新皮質の一次視覚野、より正確にはその第Ⅳ層には、右眼からの情報と左眼からの情報が入力として入ってきます。このとき、視覚野のニューロン1個についてみると、「左右どちらかの」入力に対してのみ応答するしくみが出来上がっています。これが「眼優位カラム」です。

実際には、そのような「右専門」および「左専門」のニューロンはストライプ状に視覚野を構成しています。これが正常な状態です。

ヒューベルとウィーゼルが行った実験は、生まれたばかりの子ネコの片眼を塞いで、片方の眼からの視覚入力を奪った状態で育てるというものでした。すると、上記の眼優位カラムの美しいストライプが消失してしまいました。

また、神経活動を調べてみると、たしかに視覚野のニューロンは、塞いだ方の眼からの光刺激に反応しなくなっていました。さらに、行動レベルでも、このネコは塞いだ眼ではものが見えなくなっていることが分かりました。

一方、両眼とも塞いで育てたネコの視覚野を調べると、どちらかの視覚入力が優遇される訳ではないので、眼優位カラムのストライプは存在していました。

これらのことから、ヒューベルとウィーゼルは、ネコの視覚野の細胞は生まれたてのナイーブな状態では、右眼からの入力と左眼からの入力の両方が「競合して」シナプス結合しているのに対して、片眼を塞いで視覚入力を遮断して育てると、視覚入力を奪われた眼に本来割り当てられていたはずのニューロンが乗っ取られてしまうのだと考えたのです。

†樹状突起のカタチは多種多様

さて、シナプスは通常、シナプス前ニューロンの軸索先端と、シナプス後ニューロンの樹状突起の間に形成されます。ニューロンの入力部である樹状突起と出力部である軸索は、明らかに1個の細胞の中で異なる区画を形成しており、異なる形態を呈します。

ニューロンの形態はそれぞれの種類によって異なり、樹状突起の中でも、末端部分に枝分かれが多いニューロンや、細胞体寄りの根本の部分に枝分かれが多いタイプもあります。小脳のプルキンエ細胞は、まさに立派な樹の枝のような樹状突起を、扇のように二次元的に発達させます。大脳新皮質の興奮性ニューロンの中でも、深層部のニューロンと表層部のニューロンでは、樹状突起のカタチが大きく異なります。大脳新皮質の錐体《すいたい》細胞と呼ばれる興奮性のニューロンは、脳の表層側に向かって樹状突起を伸ばし、脳室側に向かって軸索を伸張させます。

どのようにして異なる形態の樹状突起が形成されるのかについて、少なくとも細胞の性質を規定する転写制御因子の違いが関わることが、ショウジョウバエの研究から知られています。また、樹状突起のカタチに関わる因子には、細胞外から働くものもあります。

†樹状突起の変化にかかわる因子

大脳新皮質の中の環境の樹状突起などへの影響を調べるために、米国のアニルバン・ゴーシュとフランク・ポリューは、マウスの大脳新皮質のスライス片の上に、別の個体から単離してばらばらにした錐体細胞を蒔《ま》いて培養すると、スライス片の中にもともと存在している錐体細胞と同じ方向に樹状突起と軸索を伸ばすことを見出しました。

この樹状突起の伸張は、脳の表面側に多量に局在するセマフォリン3Aに依存します。セマフォリンは第6章で述べたように、軸索にとって反発因子として働くので、セマフォリンが存在する脳表面方向を避けるように軸索は伸びていきます。これが逆に樹状突起に対しては、誘引因子として作用するのですね。

ゴーシュとポリューはさらに、このように樹状突起と軸索でセマフォリンに対して異なる反応をするのは、ニューロンの内部環境が異なるからであることを見出しました。具体的には、核酸の一種である環状GMPの産生に関わる酵素が細胞内で偏って存在することが異なる反応の原因のようです。

また、細胞のカタチを決めるには、細胞質に存在して細胞を支える細胞骨格が重要な役割を果たしますが、樹状突起の部分にはある種の細胞骨格タンパク質のmRNAが存在することが分かっています。このようなmRNAが神経活動などの刺激に応じてタンパク質に翻訳されることにより、樹状突起の成長や、シナプス部分の構造の変化が生じる可能性が考えられています。つまり、なんらかの神経活動が行われると、その活動に関わる神経回路に変化が生じることになる訳です。このような意味でも、脳はコンピュータというよりも、もっと柔軟かつダイナミックだと筆者は考えます。

†刺激に応じた樹状突起の刈込み

おおまかに言えば、胎児期の神経発生は「遺伝的プログラム」にのっとって進みますが、シナプス形成が生じて神経回路が形成されてくると、その発生はニューロンの発火、すなわち神経活動自体の刺激によっても影響を受けることになります。このことを「活動依存的」と呼びます。

ただし、ここで注意して頂きたい点は、神経活動に依存した、いわば「環境要因」に影響を受けるしくみが働いているからといって、活動していないニューロンで「遺伝子が働かない」訳ではありません。私たちが意識しなくても、遺伝子たちは、それぞれ必要に応じて働いています。神経活動に依存して「遺伝子が働く」ことによって、脳の発生・発達がさらに進むのです。

刺激に応じた樹状突起の刈込みの分かりやすい例として、マウスの網膜の神経節細胞を取り上げましょう。このニューロンは一過性に、光入力がオンの状態とオフの状態の両方に反応し、その樹状突起は網膜の内網状層と呼ばれる層のオン・オフに対応する領域の両方に枝分かれしています。

正常な光入力の元で育てられると、やがて樹状突起の一部が刈り取られ、オンかオフかどちらかに対応する層に限定されるようになります。ところが、暗所でずっと育てると、光刺激が与えられないことにより、樹状突起の正常な刈取りが起きず、オン・オフ両方に対応したままになってしまうのです。

このような過程で働いているのは、各種の神経伝達物質とその下流で働くシグナル分子たちです。神経伝達物質を受け取ったシナプスが強化され安定化されるのに対して、神経伝達物質を受け取らなかったシナプスや樹状突起は、必要ないものとして淘汰されていきます。暗所で育てられたマウスでは、このような正常なシナプス強化や刈込みが起きないために、網膜の内網状層の細胞がオン・オフ両方に反応してしまうのです。

淘汰されるのは樹状突起ばかりでなく、対応するシナプス前ニューロンの軸索先端部の枝分かれも刈り込まれることが知られています。このようにして、必要なシナプスが取捨選択され、脳の配線、すなわち神経回路が効率的なものに変化していくのです。なお、ごく最近の研究では、シナプスの刈込みに、お掃除細胞のミクログリアが関わっている可能性が指摘されています。脳の中ではいろいろな細胞たちが協力し合っているのですね。

†臨界期（感受性期）とはなにか

実は、先に述べたヒューベルとウィーゼルの研究の面白さは、単に刺激依存的に眼優位カラムが形成される、ということだけではありませんでした。彼らは片眼遮蔽《しゃへい》実験を、生後のいろいろな成長段階のネコに対しても行ってみたのです。

すると、眼優位カラムの消失は、生後3、4週目に片眼遮蔽を行った場合にもっとも生じやすく、生後15週を過ぎると生じないということが分かりました。このことは、眼優位カラムが成立するための「臨界期」、すなわち、大事な時期があるということを意味します。この「臨界期」、別の言い方では「感受性の高い時期の出現とその消失」（感受性期）という現象は、皆さんも「大人になってからは外国語の習得が難しい」というような実感として理解されていると思います。

実は、この分野における最初の研究は、1930年代にオーストリアのコンラート・ローレンツによって為された鳥類の「刷り込み（インプリンティング）」、すなわち、孵化直後のひな鳥が、最初に見た動く対象を親と思ってずっと追いかけるという現象についてのものです。鳥類の刷り込みは、孵化後の約8時間から24時間の間に生じることが厳密に決まっています。

より最近の感受性期に関する研究は、カナリヤなどの鳴禽《めいきん》の歌学習をモデルとしても為されています。鳴禽は雄が雌に対して求愛歌を鳴くのですが、種ごとに鳴き方が異なります。このような歌学習は父親を手本にして為されるのですが、生後のある時期までは、異なる種の歌を学習することができるようです。

一方、理化学研究所のヘンシュ貴雄（現ハーバード大学）は臨界期のメカニズムを分子レベルで解き明かしたいと思い、眼優位カラムの感受性期成立のメカニズムをマウスで調べる実験系を立ちあげました。マウスは各種の遺伝子改変が可能だからです。

ヘンシュは、遺伝子改変マウスを用いて抑制性ニューロンの働きを悪くすると、眼優位カラムの感受性期が早く消失することを見出しました（図8－6）。逆に、ジアゼパムという薬物をマウスに投与して抑制性ニューロンの働きを強めた状態にすると、感受性期の開始が早まりました。つまり、抑制性の神経伝達を操作することにより、感受性の高い時期を変化させることができたのです。

このほか、イタリアのランベルト・マフェイらは、ラットの視覚野に、コンドロイチン硫酸という細胞外基質分子を分解する酵素（コンドロイチナーゼ）を注入することによって、感受性期を「取り戻す」ことに成功しています。つまり、人為的に臨界期を操作するいろいろな戦略が見出されたのです。このことは、神経系を幼若期の柔軟な状態に戻すこ

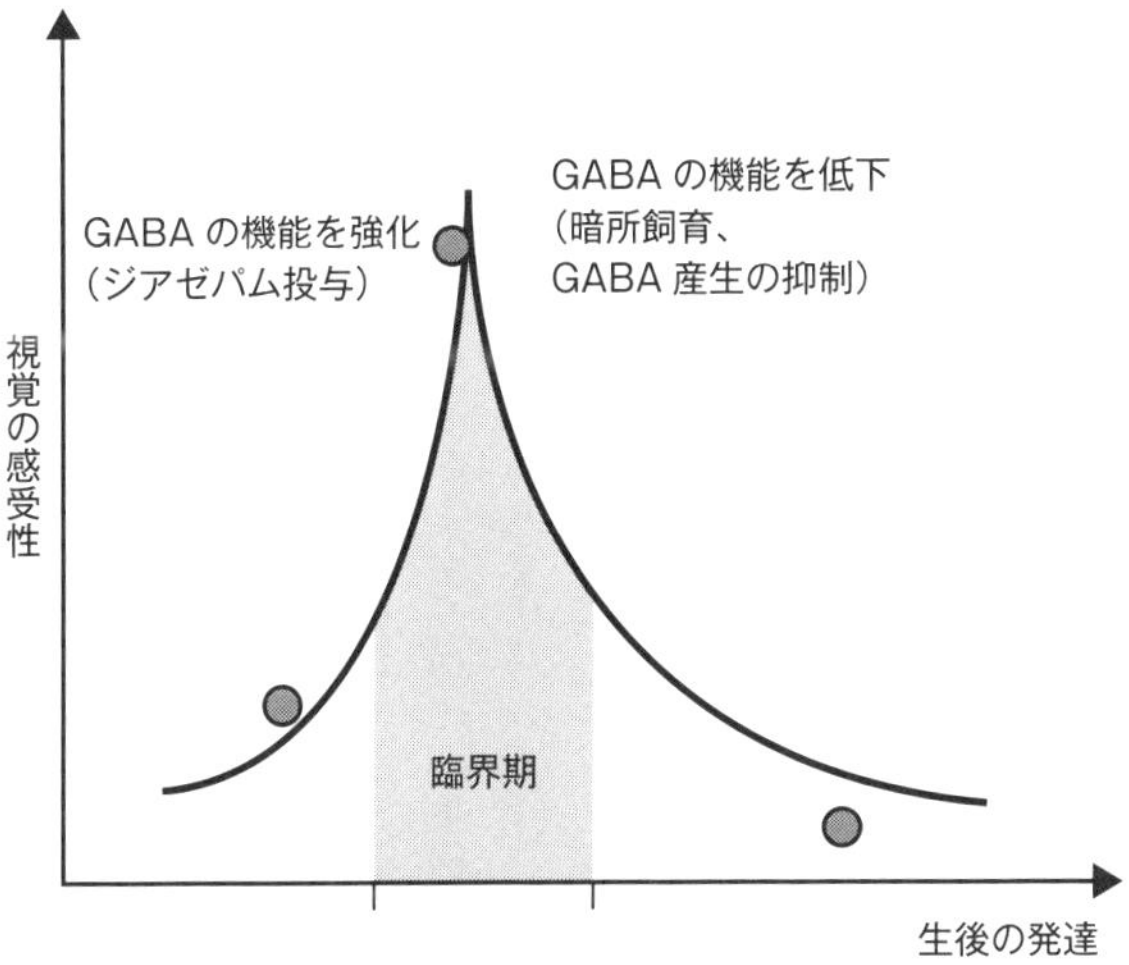

図8-6：ヘンシュによる臨界期（感受性期）のメカニズム

とにより、例えば、弱視の方の治療に応用できる可能性を意味します。

ただし、これは両刃の剣でもあります。言ってみれば、適応力の高い「感受性期」は、しょっちゅう配線の繋《つな》ぎ替えを行っている訳ですから「高コスト」な営みをしているということでもあり、適応力を下げることは「省エネ」モードに入ることです。年がら年中、次々と変わる刺激に対応するにはエネルギーがたくさん必要であり、「だいたいこんな塩梅《あんばい》でよかろう」というところで過剰に対応しなくなるというのが、地球上を生き抜いてきた生き物としての戦略といえるでしょう。

†脳の生後発達「3歳児神話」の真相

ここまで述べてきたお話は、かなりの部分が動物実験に基づいた結果です。ヒトの胎児そのものを実験材料として調べることは種々の困難が伴うので、残念ながらヒトでまったく同じ分子レベルの研究が為されている訳ではありません。

ですが、研究者は「他の動物でも正しいことは、進化したヒトでもおそらく正しい」と信じて研究を行っています。逆に、生後の脳の発達に関しては、むしろヒトにおいて研究が進んでいる部分があります。

ヒトの脳の生後から思春期に至る発達過程において、先に述べたシナプスや樹状突起の刈込みが確かに生じているであろうことを推測できる証拠があります。それは、経時的に撮影した脳の画像データに基づいています。

脳の病気のときに、大きなトンネルのような装置に入って脳の中を精査することがありますね。核磁気共鳴イメージング法（ＭＲＩ）という方法で、頭蓋《ずがい》を開けずに脳の中の構造や神経活動の様子を調べることができます。17世紀のデイマン博士は、遺体の頭蓋を開いて脳を観察しましたが、現代ではいろいろな方法で、脳を取り出さないで調べることができるのです。

さて、米国のニティン・ゴッティらはこのMRIを使って、子どもの脳の発達に伴う変化の様子を調べました。実験に同意した13名の子どもを集め、2年おきに脳画像を撮影することにより、4歳から21歳のデータを収集した後、それぞれの年における灰白質の厚みの平均値を算出し、その変化について解析しました。

脳の中で白質は髄鞘化した軸索によって構成されていますが、灰白質にはニューロンの細胞体（核の存在する膨らんだ部分）が存在し、その厚みは、樹状突起の張り出しに依存します。したがって、成長にともなって樹状突起の刈込みが生じると、灰白質はだんだんと薄くなっていきます。つまり、灰白質が厚い部分はまだ未成熟で、薄くなった部分は成熟が進んだということを意味します。

ゴッティらが行ったMRI検査の結果、脳は領域ごとに成熟の仕方が異なることが分かりました。比較的成熟が早いのは脳の後ろ側、つまり視覚野です。成熟が遅いのは脳の前側面、とくに右側の方が遅く成熟するようです。前頭葉の中でも、成熟は後ろから前に進みます。すなわち、運動の制御に関する領域の成熟が早いのに対し、意思決定などに関わる前頭前野と呼ばれる領域の成熟がもっとも遅く、その変化は21歳まで続いていました。なお、脳の成熟に伴う髄鞘化もまた後頭野の方が早く、前頭前野が遅いという傾向があります。いずれにせよ、「ヒトの脳は3歳頃までに出来上がる」という「3歳児神話」は、事実ではないことが分かります。なお、脳の成熟の仕方には男女差があり、一般的には女性の方が早いことも調べられています。

これらの研究から、脳の生後発達について普遍的に言えることがあります。一つは、系統的に古い脳の方がより早く成熟し、前頭葉のように進化の過程で後から発達した脳の領域はゆっくり成熟するということです（脳の進化については第Ⅲ部で詳しく述べます）。

もう一つは、脳の成熟は、子どもの認知機能や精神機能の発達に伴って進行するということです。赤ちゃんは首が据わる前から、動くものを目で追いかけますよね。これは、視覚の発達が早いことを意味します。逆に、前頭葉の発達が遅いことは、思春期の子どもたちの価値判断や意思決定が大人並みになるには、かなりの時間がかかることを意味します。この思春期の脳の成熟過程の脳画像はムービーにもなって公開されていますので、是非、年齢とともに生じる変化を実際に動画でもご覧になってみてください（http://www.pnas.org/content/suppl/2004/05/13/0402680101.DC1）。

第9章 脳は「いつも」成長している

第8章で取り上げた「3歳児神話」は巷に流布しています。私自身、大学生の頃に「脳の細胞は3歳の時点が数のピークで、後は死んでいくだけ」と教わりました。しかしながら現在では、脳の特定の領域では、生涯にわたって脳細胞が産生されることが分かっています。しかも、このように恒常的に日々新しく作られるニューロンやグリア細胞が記憶や学習に深く関わることが知られるようになってきたのです。

†生後のニューロン新生の発見

前述のように、1950〜60年代の生命科学研究では「オートラジオグラフィー」が大流行していました（第5章）。米国のジョセフ・アルトマンらはラットに^{3}H－チミジンを投与し、生後になって新しく生まれたニューロンを見つけようとしました。ちょうど、シドマンが大脳皮質の細胞が「インサイド・アウト」に産生されることを見出したり、ヒユーベルとウィーゼルが放射性アミノ酸を用いて眼優位カラムを明らかにしたのと同じ時代です。研究者が最先端の技術によって新しい発見にチャレンジするのは、今も昔も同様ですね。

当初、アルトマンはヒヨコの片眼を除去したときに脳の中で生じる現象を調べていました。すると、除去した眼からの入力がなくなった側の脳で、多数の標識されたグリア細胞が増殖しているという結果が得られました。これは予想外のことだったので、アルトマンは、放射性同位元素で標識された^{3}Hーチミジンが ＤＮＡ合成期の細胞に取り込まれることを利用して、本当に細胞が増殖しているのかどうか確かめようと思いました。

研究にはこのような「予想外の結果」が付き物です。学生さんは「指導者の予想と違う結果が出た」ときによく落ち込んだりがっかりしたりするのですが、それは本当により大きな発見への入り口であることが多々あります。予測と違ったからということでその結果を捨てるか、それとも、なぜ予測と違う結果となったのかよく考えて、パラダイムシフトをもたらす実験にどう繋げるかがセレンディピティをもたらすのです。

アルトマンが、脳に損傷を与えたラットに^{3}Hーチミジンを注射して調べてみると、グリア系の細胞の増殖（これは、炎症による反応が生じている可能性も考えられます）だけでなく、なんと、障害を起こしていない側の脳にも、少数の標識されたニューロンが見つかりました。これは、生後の哺乳類の脳の中でニューロンが新たに生まれたことを意味します。アルトマンはこの結果を1962年に「サイエンス」という権威ある雑誌に投稿しました。

次いで、アルトマンは手術侵襲を加えていないラットとネコを用いて同様のオートラジオグラフィー実験を行いました。するとやはり、海馬や嗅球《きゅうきゅう》において生後生まれのニューロンが多数存在することが分かったのです。一般には、1965年に「ジャーナル・オブ・コンパラティブ・ニューロロジー」（神経科学の伝統ある雑誌です）に発表されたこの研究成果が、生後の神経新生については最初の発見として認識されています。アルトマンはその後も、豊かな環境で育てた影響はどうか、モルモットではニューロン新生があるか、などの研究成果を「ネイチャー」誌などに発表していきました。

†ニューロン新生研究暗黒期

ところが、1970年代から事情が変わってきます。そもそも、大御所のカハールは1926年の論文の中で「発生が終わると脳の中ではもはやニューロンは生まれない」と述べています。カハールが言っているから、という影響がどれほどあったのかは分かりませんが、「ラットなどの下等な哺乳類ならそういうこともあるかもしれないが、人間でそんなことは起きないだろう」という考え方の方が、先験的に信じられたのかもしれません。

なぜなら、皮膚の細胞なら周期的に新しい細胞に置き換えられても構わないけれど、もし、生後の脳の中で新しくニューロンが作られたとしたら、昨日の私と今日の私は違ってしまうではありませんか。そんな不安定な状態で、どうやって自我の確立などができるのでしょう?

事情はどうであれ、結果として1970年代、1980年代の神経科学の教科書にアルトマンの発見が大きく取り上げられることはありませんでした。放射状グリアの発見について前述したラキッチは、1980年代半ばに、サルでは生後の神経新生は生じないと断言する論文を「サイエンス」誌に発表しています(後にこれは誤りであったことが分かるのですが……)。

そんな中、アルトマンは淡々と独自の研究を続けました。その多くはオートラジオグラフィーを使った解剖学的な研究で、ほとんどが神経科学の専門誌に発表されました。当時の神経科学業界で異端となったアルトマンは、「ネイチャー」や「サイエンス」誌に論文発表するのが難しくなっていたことが窺えます。しかしながら、ハンガリーに生まれ、第二次世界大戦中に収容所で暮らした経験のあるアルトマンにしてみれば、研究業界の表舞台に立てなくなったことくらい、大したことではなかったのかもしれません。アルトマンはさらに、神経新生の意義について、X線照射をして神経新生を低下させた場合に、動物の行動はどうなるかなどの先駆的な研究を1979年に発表しています（後述）。『ラット脳の発生アトラス』などの名著を刊行したのもこの頃からでした。

この暗黒時代にニューロン新生について研究した人は多くありませんが、米国のマイケル・カプランは1970年代後半からオートラジオグラフィーと電子顕微鏡観察を組み合せるという技術を取り入れました。新しい技術も多くは「転用」と「組み合せ」です。カプランは、新生ニューロンにちゃんとシナプスが形成されることを示し、加齢したラットでも新たな神経回路が形成されることを証明しました。つまり、ニューロン新生は少なくともアルトマンのグループだけが見た「夢」ではなく、他の研究者によっても追試しうる「真実」といえます。近代科学のお作法ではこのような「再現性」が重要視されます。

†ニューロン新生再発見

ところが、1980年代半ばに、前述した鳴禽《めいきん》の歌学習で画期的な発見がありました。鳴禽の中には、季節が巡って繁殖シーズンになるたびに新しく歌を覚えるという種類のものがいます。鳴禽の雄は雌に向かって求愛の歌を歌い、雌は歌の上手い（複雑な歌を歌える）雄をつがいとして選ぶので、雄にとっては、歌を学習することは死活問題です。米国ロックフェラー大学のフェルナンド・ノッテボームらがこのような鳴禽の脳を調べてみると、なんと歌の学習に関わる脳の部位で、新たにニューロンが生まれていることが見出されたのです。

この研究は「学習とニューロン新生」を結びつけたものとして非常に着目されました。神経系の機能として重要な記憶や学習に関係するなら大事な現象に違いない、ということで、ラットを用いた実験でも、空間学習課題とニューロン新生の関係が調べられました（後でさらに詳しく説明します）。すると、空間学習課題で良い成績をおさめるラットでは、空間記憶に重要な海馬において、確かに新生されるニューロンが多いことが示されました。

それでもしばらく研究業界は混沌としていましたが、ついに1990年代の終わりに、ヒトにおけるニューロン新生の証拠が得られました。がん患者のボランティアの方にインフォームドコンセントを得て、^{3}H－チミジンの代わりとなるブロモデオキシウリジンという物質を投与し、その方が亡くなられたときに脳を摘出して調べることにより、ヒトの海馬でも大人になってから生み出されるニューロンが存在することが分かったのです。

さらに、軸索ガイド分子エフリンの話で紹介したフリーセンらは、健康な人においてより正確にニューロン新生を調べるために、壮大な計画を立てました。欧州では1963年に行われた核実験によって^{14}Cが放出されました。その^{14}Cは植物に取り込まれ、食物連鎖によってその地域の人にも取り込まれます。そこで、亡くなった方から臓器の提供を受け、ゲノムDNAの中の炭素の同位体を詳細に調べれば、細胞の年齢が分かります。つまり、最終分裂の際のDNA合成時に取り込まれた炭素の同位体が、その細胞の年齢を示すことになるのです。

このような研究計画のもとに、まず、2005年に、ヒトの大脳新皮質ではニューロン新生は生じていないが、海馬には生後に生まれたニューロンが存在すると「セル」誌に報じられました。さらに10年近くにわたって被験者を集めて、2014年に集大成ともいえる論文がやはり「セル」誌に2報出ました。それらによれば、ヒトでは海馬とともに基底核の線条体においてニューロン新生が生じていること、また、前述のように、髄鞘形成自体も生後の発達期だけでなく、大人になっても恒常的に起きることが分かりました（これも一種の代謝回転です）。線条体における抑制性ニューロン新生の低下は、パーキンソン病などとも関係しそうです。

このようなニューロン新生の最初の発見者として、アルトマン博士には2012年に国際生物学賞が授与されました。この賞は生物学に造詣の深かった昭和天皇の在位60周年を記念して設立されたものです。筆者も授賞式や記念シンポジウムに参加する機会を頂くことができ、たいへん光栄でした。残念ながら、アルトマン先生は2016年に逝去されましたが、長年アルトマン博士とともに研究を行ってこられた奥様のシャーレイ・ベイヤー博士から寄付の申し出があり、日本神経科学学会のもとに「ジョセフ・アルトマン記念発達神経科学賞」という賞が設立されました。本書執筆中の2017年、第一回目の授賞式があり、京都大学の今吉格博士がその栄誉に輝きました。アルトマン先生の遺志が神経発生研究の発展に繋がることを祈ってやみません。

神経細胞を生みだす「タネの細胞」

さて、ニューロン新生のメカニズムやその意義について、もっと詳しくお話ししましょう。ここから先は、もっぱらマウスやラットを用いた研究成果が元になります。

ニューロン新生は脳の中全体で起きている訳ではありませんが、前述のように記憶や学習に深く関わる海馬や、脳室の壁の部分（脳室下帯）では、いくつになっても神経細胞がつくられます。これは、「神経幹細胞」というタネのような細胞が一生涯存在するからです。2012年にノーベル生理学医学賞を受賞された山中伸弥博士（京都大学）は、普通の皮膚の細胞から、基本的にはどんな細胞も作り出すことのできるiPS細胞（人工誘導性多能性幹細胞）を作ることに成功しましたが、「神経幹細胞」は神経系の細胞を生み出す細胞です。これは、皮膚には皮膚の幹細胞が、腸には腸の幹細胞が存在するのと同様です。

神経幹細胞からニューロンがどのように生みだされるかというと、第4章で見たように、神経幹細胞が分裂するときに、片方の細胞は神経幹細胞として維持されつつ、もう片方の細胞がニューロンとなるのです（非対称分裂）。つまり、ニューロンが産生されるためには、神経幹細胞の「分裂」が必要といえます。

アルトマン博士の研究によれば、若いラットでは1日あたり約9000個の神経細胞が新しく生まれるのですが、生後発達期に徐々に減少し、生後4週目から1年くらいの間は、毎日、約1100個のニューロンが海馬において新しく生まれることが分かっています。このすべてが生き残る訳ではなく、約半数が新たに神経回路を構築します。

海馬のニューロンは1個あたり約220個のシナプスを有すると考えられるので、1日あたりに新たに生みだされる神経結合の数は12万個にものぼると計算されます。残念ながら、加齢とともに神経幹細胞の数は徐々に減少してしまいます。これは、全身のどのような幹細胞の場合も同様ですね。

†ニューロン新生の意義

1965年に初めてラットの海馬の神経新生について報告したアルトマンは、新しく生まれたニューロンが生理的にどのような役割を持つのかに興味を持ちました。繰り返しになりますが、新生ニューロンは神経幹細胞が「分裂」して生じます。そこでまず、低レベルのX線を生後間もないラットの頭部に照射することによって細胞分裂を阻害し、嗅球、海馬、小脳の顆粒《かりゅう》細胞と呼ばれるニューロンの産生が減少するという条件を確立しました。この発表が1975年のことです。一方で、ラットの運動能力を測る実験系を確立し、その生後発達について注意深く観察しました。そして、さらに4年後の1979年に、アルトマンはX線照射したラットが軽度の運動失調や迷路学習の低下を示すことを報告し、1987年に（つまり、さらに8年かかって）その他の行動異常についてもまとめて、総説の形で発表しています。

アルトマン自身は解剖学が専門であり、必ずしも動物の行動解析のエキスパートではありませんでした。一方、前述の鳴禽の歌学習についてノッテボームが研究していた米国ロックフェラー大学では、ブルース・マーキュアンが、ストレスが動物に与える影響や、生殖行動のメカニズムなどについての行動学的研究を盛んに行っていました。

1980年代の終わりからこの研究室に参画したエリザベス・グールドは、ラットの海馬ニューロンに対するストレスホルモンや甲状腺ホルモン等の影響を調べました。そして、プリンストン大学に移って独立し、1999年に行動課題のトレーニングによってラットの海馬のニューロン新生が向上するという画期的な論文を発表したのです。さらに彼女は2001年以降、海馬依存的な記憶の成立や各種の学習に成体のニューロン新生が必要であるという論文を、「ネイチャー」誌などに次々と報告しました。

†環境の変化でニューロン新生が促される

ほぼ同じ頃、米国のフレッド・ゲージらは、ラットのケージの中に回転車を置いておくと、ラットはそれを好んで回して遊び、海馬のニューロン新生が良くなることを報告しました。この実験は、実は1964年のアルトマンの「ネイチャー」誌の研究が下敷きになっています。アルトマンはラットにとっての「豊かな環境」、すなわち大きなケージで複数のラットを飼育し、他に遊び道具や回転車を入れた場合に、ニューロン新生がどうなるのかを調べようとしたのでした。

ゲージ研究室のゲール・ケンパーマンたちは、「豊かな環境」の中のどの要素が重要なのかを分析しようとして、回転車だけを入れた環境で飼育した場合にも、画期的に神経新生が良くなることを見出したのでした。運動はメタボリック症候群予防等に良いだけでなく、脳に対しても良い作用があるということですね。

これまでに、世界中のさまざまな実験系において、空間学習・記憶の善し悪しとニューロン新生の程度には相関性があることが報告されています。例えば、有名な「水迷路テスト」という課題では、ラットを水の入った円形のプールの中に入れ、隠れた台に到達するまでの時間を測定します。最初は試行錯誤を繰り返すだけですが、やがて隠れた台の位置を周囲の手がかりをもとに記憶するようになると、到達するまでの時間が短縮されます。このとき、学習効果が高いラットでは海馬の新生ニューロンが多く、学習効果が低いラットでは新生ニューロンの数が少ないのです。一方、さまざまな記憶学習テストを行った動物では、ニューロン新生が向上していました。

ラットやマウスではニューロン新生は海馬でよりも大脳の側脳室という脳室部分の壁面で多く生じることが知られています。これは、ネズミの生活にとって嗅覚情報がより重要であることと関係すると考えられます。側脳室壁で生まれたニューロン前駆細胞は、長距離を移動して嗅球という匂いの中枢領域に入っていき、ドパミンやGABAを神経伝達物質とするニューロンとして機能します。

そこで、フランスのパスツール研究所で働くピエール＝マリー・リドーは、ラットに対して毎日異なる天然の良い香り（バニラ、オレンジ、ラベンダー等）を嗅がせてみました。すると、嗅球で新生ニューロンが劇的に増加したのです。さすが、フランス人の考えるお洒落な実験だと思うのですが、興味深いことに、この場合、同じ匂いをずっと嗅がせ続けたのでは馴れが生じ、効果が減弱します。つまり、多様な刺激によって嗅覚系の神経活動の活性化が継続することにより、ニューロン新生が向上するものと思われます。

逆に、ストレスを与えたり、感染などが生じたりすると、ニューロン新生は低下することが知られています。ニューロン新生の遺伝的プログラムに支障を来したマウスやラットでもニューロン新生は減弱しますが、環境の影響も大きいことは注目に値するでしょう。

†ニューロン新生の低下とこころの病

残念ながら、生きているヒトのニューロン新生をリアルタイムに調べる技術はまだありません。間接的には、空間学習に長けたロンドンのタクシー運転手は海馬が大きいという事実があります。

マウスやラットにストレスを与えるとニューロン新生が低下することに加え、抗うつ剤を投与すると、ニューロン新生向上効果があることから、神経新生の低下はうつ状態と関係するのではないか、ということが考えられました。培養神経幹細胞を用いた実験でも、抗うつ剤は神経幹細胞の増殖を亢進することが知られています。

その後、遺伝子改変マウスを用いた研究から、ニューロン新生の低下は、他のこころの病（統合失調症、双極性障害、心的外傷後ストレス障害〈ＰＴＳＤ〉等）にも関わる可能性が指摘されつつあります。筆者は以前に文部科学省の戦略的創造研究（ＣＲＥＳＴ）という研究プロジェクト「ニューロン新生の分子基盤と精神機能への影響の解明」を研究代表者として推進しました。その研究チームに参画してくれた元三菱化学生命科学研究所の井ノ口馨（現富山大学）は、マウスをモデルとしてニューロン新生の低下がPTSD発症に繋がる可能性について「セル」誌に報告しています。うつは自殺の誘発にもつながることから、その予防や治療は社会的に大きな問題であり、内在する神経幹細胞を活性化させニューロン新生を向上させる薬剤の開発が着目されています。

†脳と栄養

ところで、巷には「3歳児神話」の他にもさまざまな「神経神話」が溢れていますが、「神経細胞はショ糖しか利用できない」というのもその一つです。実際には、脳の中にも血管が張り巡らされていて、グリア細胞を介して種々の栄養素が供給されています。例えば、細胞のエネルギー通貨と呼ばれるATPという物質はプリン体と呼ばれる核酸の仲間ですが、神経幹細胞の増殖を活性化することが報告されています。プリン体は魚卵、白子、エビ等、いわゆるグルメな食材に多く含まれる成分ですね。

私たちの研究室では栄養素の中でも「脂肪酸」の神経新生向上効果についてネズミや培養細胞を用いた実験を行って研究しています。とくに、脳に多く含まれる高度不飽和脂肪酸であるドコサヘキサエン酸（DHA）やアラキドン酸（ARA）に関してニューロン新生向上効果があることを報告しています。オメガ3系と分類されるDHAはとくに青魚の脂に多く含まれ、オメガ6系のARAは卵やレバーに多いことが知られています。美味しくバランスの取れた食事をすることは、脳の健康にとっても大事であるといえるでしょう。

また、ニューロン新生はさかのぼれば脳の発生期に爆発的に生じているので、胎児期の脂質栄養もきわめて重要といえます。筆者の研究室ではマウスを用いて、妊娠期に過剰なオメガ6型（ARAの前駆体を含みます）の脂肪酸を摂取すると、仔マウスの脳構築が異常になり、不安行動が亢進することを報告しました。また、ごく最近、前述のCREST研究チームに参画していた理化学研究所の吉川武男らにより、胎仔期に脂肪酸欠乏状態であったマウスが成体になってから統合失調症様の行動異常を示すことも見出されています。

このような基礎研究の成果にもとづき、国立がん研究センターの松岡豊らは、PTSDの治療にDHAなどのオメガ3型脂質が応用できないかについて臨床的な研究を行っています。今後、ヒトにおける研究が進むためには、生きているヒトの脳の中でどのようにニューロン新生が生じているかについての解析手法が開発される必要があります。

†赤ちゃんの脳の生後発達と栄養

新生児の赤ちゃんの体重はおよそ3キログラムですが、脳の重さは約350グラムくら

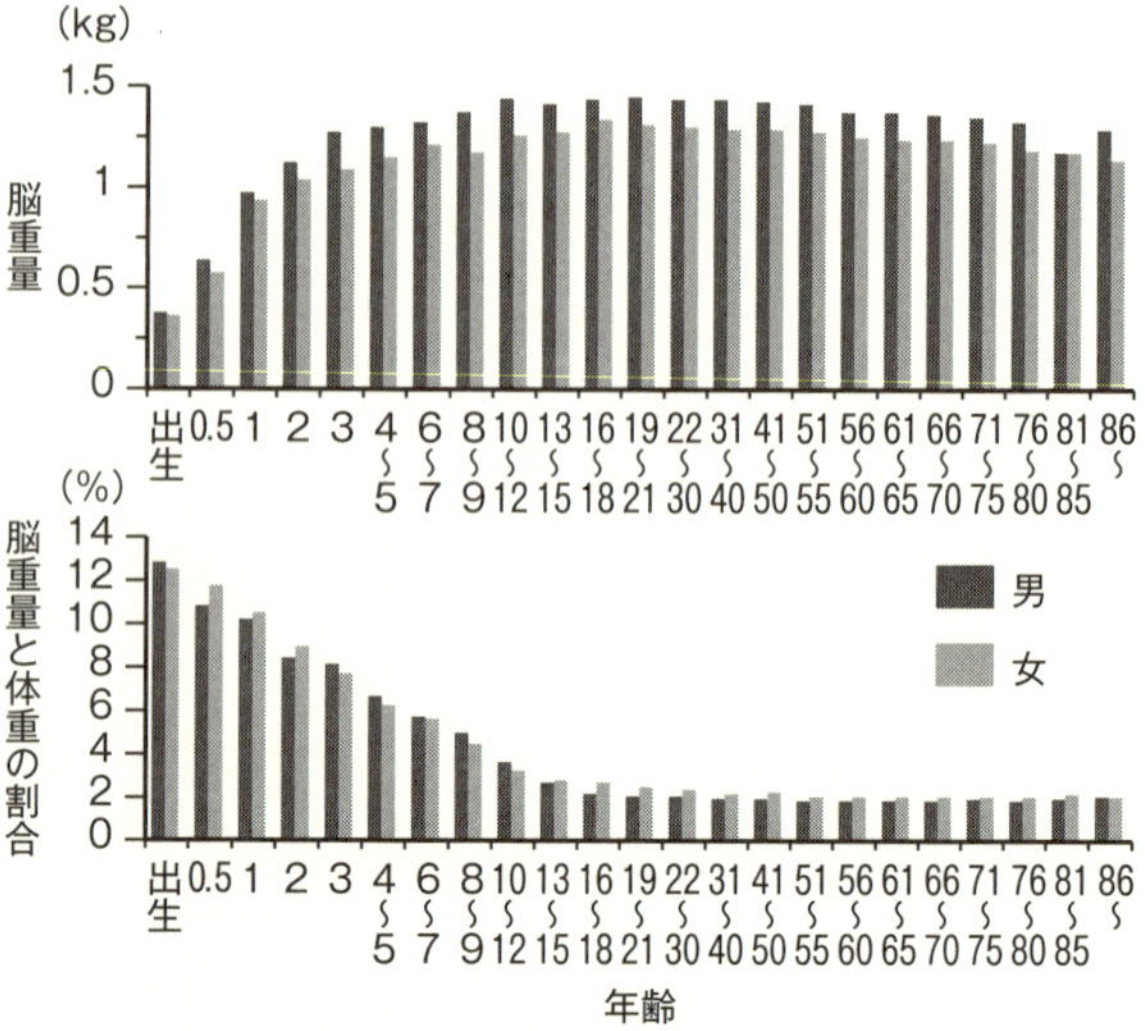

図9－1：脳の重量と体重に対する割合の経時変化

いです。実際、見た目にもそうですが、ヒトは「頭でっかち」で生まれてきます。生後1年の間に脳重量は約3倍の1キログラムほどになり、12歳で約1・3キログラムと、かなり大人に近づきます（図9－1）。1歳の子どもの体重が10キログラム程度ですから、体重は大人の6分の1程度なのに、脳重量は大人の3分の2もある訳です。第1章で述べたように、脳はとてもアブラっぽい臓器ですから、乳児の栄養を考える場合には、脂質についてとくに考慮する必要があるといえます。

　生まれたばかりの赤ちゃんの栄養は、もっぱら「お乳」に依存します。

誰に教えられる訳でもなく、おっぱいを吸う「吸啜行動《きゅうてつこうどう》」が生得的にできるのは、口の周りの筋肉やその支配神経の発生が早いことに関係するのでしょう。

お母さんの乳房でつくられる母乳は、赤ちゃんの成長に必要な栄養が入っています。母乳100グラムのうち、ほとんどは水分です。ヒトの体は7割が水分ですから、赤ちゃんが生きていくうえでも水分摂取はもちろん必須です。母乳の栄養素としては、炭水化物（糖質）が6・89グラムなのに対して、脂質は4・38グラムも含まれ、カロリー換算では脂質から摂取される方が多いことになります。タンパク質は1・03グラムですから、赤ちゃんの成長には、筋肉よりもまず脳を発達させることが重要だということです。母乳に脂質が多く含まれているのは理にかなっている訳ですね。

粉ミルクに重要なアブラ

母乳の脂質の約半分は飽和脂肪酸（コレステロールなど）ですが、コレステロールは髄《ずい》鞘《しょう》の主要成分でもあるので、赤ちゃんの脳の中で髄鞘形成が進む上では必須の栄養素です。髄鞘形成は、神経伝達速度を上げるのに極めて重要なことを思い出してください。コレステロールは悪玉のイメージが強いですが、脳にとっては重要な栄養素なのです。日本人の母乳の脂肪酸組成では、ＤＨＡやＡＲＡがそれぞれ約1・0％および0・4％含まれます。

ＷＨＯはすべての母親に母乳栄養を勧めていますが、さまざまな理由により、母乳で育てるのが困難であったり、母乳だけでは足りなかったりする場合に、粉ミルクを溶かした人工乳が与えられることがあります。ただし、粉ミルクは、完璧に母乳の成分を再現している訳ではありません。ウシから絞った原乳を乾燥し、粉末にすると、その脂質成分は酸化しやすいので、すぐに風味が劣化します。「美味しくないものは体に悪い」と赤ちゃんは素直に感じる訳ですが、それは生き物として理にかなっています。なぜなら、酸化脂質は細胞にとって種々のダメージを与えるからです。

この点を解決するために、脱脂粉乳が製造されるようになりました。生乳から脂肪分を除いてから乾燥させると、風味の劣化が避けられ、全粉乳に比べて保存性が良くなるのです。乳児用調製粉乳は、このような脱脂粉乳をベースに種々の栄養素を添加することにより、母乳の成分に近づくように配慮されています。具体的には、各種ビタミン、カルシウム、マグネシウム、カリウム、銅、亜鉛、鉄などのミネラルが添加され、植物性油脂をベースに脂肪酸組成を母乳に近づける配慮が為されています。

食品の安全性や栄養価等の基準を定める国際的な組織であるコーデックス（ＣＯＤＥＸ）は、２００７年に粉ミルクへのＡＲＡ添加を推奨する勧告を出しました。これまでに、粉ミルクにはＤＨＡの添加は行われていましたが、ＡＲＡは配慮されていませんでした。

しかしながら、乳児の発達にARAを添加した粉ミルクの方が添加していない粉ミルクよりも有効であるという調査結果が出され、コーデックスはこれを取り入れることになったのです。

本書執筆にあたり調べ物をしていた際に、粉ミルクが母乳と同じと思っているお母さんが34％もいるという英国の調査を知って愕然としました。日本では根強い母乳信仰がありますが、脳の発達という観点からも粉ミルクの栄養に対する知識が深まることを願っています。

Ⅲ 脳の「進化」――地球スケール(10億年)

第Ⅲ部では脳の誕生について、生命史的な観点から考えます。地球が誕生したのが約46億年前、地球上に初めて単細胞の生命体が生まれたのが約40億年前と考えられています。カイメンなどの多細胞からなる個体が生じたのは、ずっと下って9億年くらい前です。では、最初にシステムとして機能する神経系といえる組織を持った生き物はいつ地球上に現れたのでしょうか？　そして「脳」と呼べるような中枢化した神経組織はいつ頃誕生したのでしょうか？　脳の発生としての30週、発達としての20年から、いっきに10億年という長い進化の時間スケールに視点を移してみましょう。

第10章　神経系の誕生

†もっとも単純な〝散在神経系〟――ヒドラ

神経系は、動物の行動を支える基本的なしくみです。単細胞でも外界の環境に応答した行動の変化を示しますが、現存する動物において、「システム」的な神経系としてもっとも単純と考えられているモデルは、ヒドラの「散在神経系」です（図10－1）。ヒドラは9億年くらい前に地球上に現れたと考えられており、イソギンチャクやクラゲなどと同類の刺胞《しほう》動物の仲間です。

ヒドラは淡水性で、浅い池の水草などにくっついて生息しています。ヒドラの体は、胴体の部分（胃体腔と呼ばれます）と、長い「触手」の部分、その間の「柄」の部分に分かれています。外側の細胞層と内側の細胞層から成り立っていて、つまり「二胚葉性」の構造です（第2章参照）。外側の細胞シートと内側のシートの間には「細胞外基質」が存在し

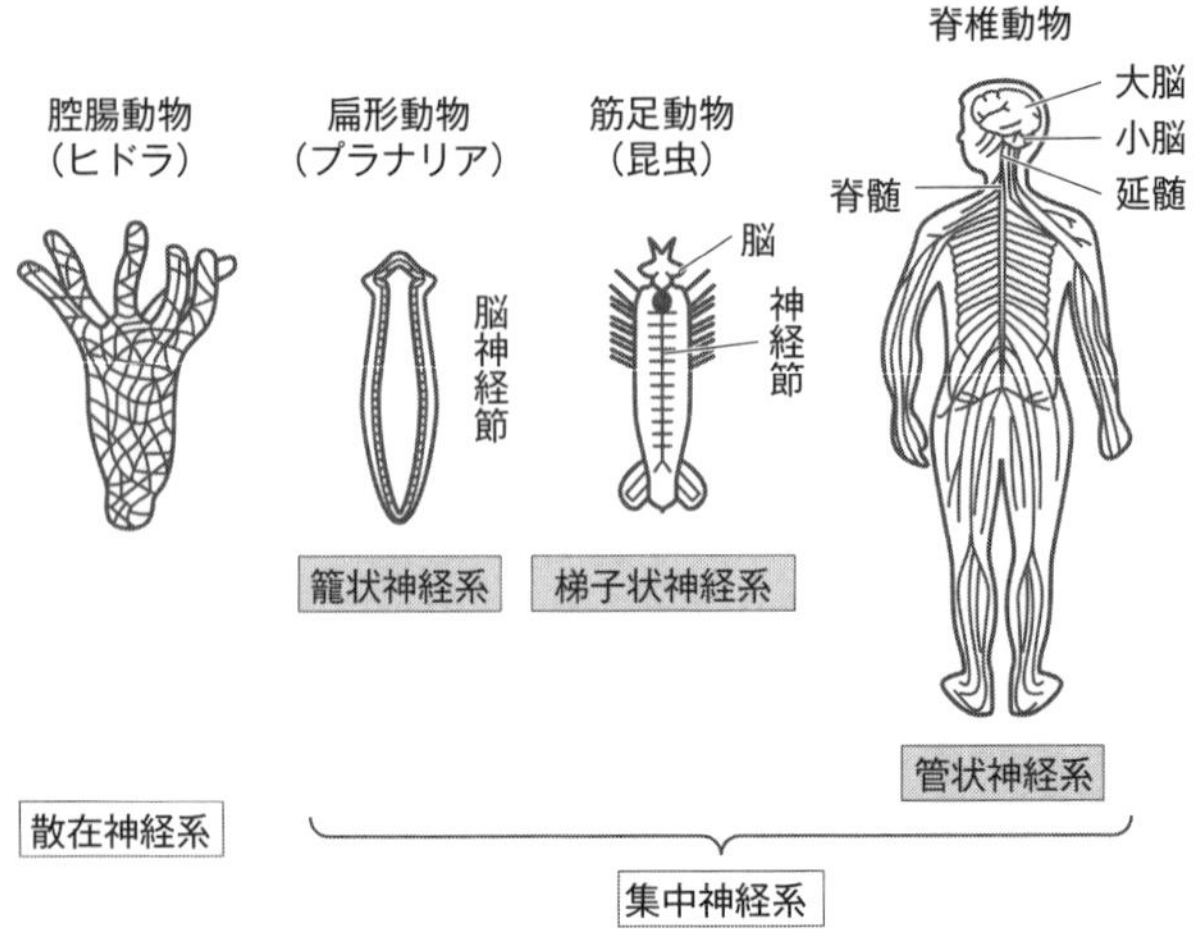

図10－1：各動物のさまざまな神経系

ます。身体のつくりが簡単であり、実験室で飼育しやすいため、ヒドラは発生生物学や細胞生物学のモデル動物としてもよく用いられてきました。

　ヒドラは触手でミジンコなどの餌に接触すると、触手にある刺胞という棘《とげ》から毒素を出して麻痺させて捕らえ、それを胴体にある口から胃体腔に入れて消化します。餌が入った胃体腔は収縮運動をし、消化液で分解された餌の栄養分が身体全体に行き渡るようになります。またヒドラは尺取虫のように移動することもできます。めったに動きませんが、いちおう「動物」の仲間なのです。

　ヒドラの胃体腔が行う収縮運動は、私たちの消化管の蠕動《ぜんどう》運動と似たようなものと考えればよいでしょう。胃や腸は自分の意志で動かすことはできませんが、食物摂取に応じて自律的に蠕動運動を行っています。この動きを司るのが腸管神経叢《しんけいそう》という神経系です。

ヒドラの場合も、外側の細胞層に網目のように、ニューロンのネットワークが張り巡らされています。ニューロンがバラバラに繋がっているので「散在神経」と呼ばれています。

実はヒドラは不老不死と考えられており、幹細胞を使って自分の体を更新させ続けることが分かってきたのですが、ヒドラのニューロンの寿命自体は3週間程度と見積もられています。ヒドラの場合も神経幹細胞というタネの細胞が外側の細胞層に存在し、非対称に分裂することにより、幹細胞は維持されつつ、恒常的にニューロンが供給されるのです。

このような散在する神経ネットワークが、もっとも原始的な神経系と考えられています。この段階ではまだニューロンが集まった脳のような組織はありません。

†神経系の集中化――プラナリア

ヒドラよりもう少し進化したと考えられる神経系の例として、プラナリアという動物を取り上げましょう。この動物は「切っても切ってもプラナリア」(同名の書籍あり。阿形清和著、土橋とし子絵、岩波書店)と呼ばれるように、とても再生力が強いので、再生のメカニズムの研究材料としても注目されています。

プラナリアには淡水性のものと海水性のものがありますが、「扁形動物《へんけい》」に属しており、ヒドラよりもやや高度な体のつくりを示します。というのは、外側、内側の細胞層に加えて、いわば「中胚葉」に相当する細胞が存在するのです。つまり「三胚葉性」の構造をとっています（第2章参照）。また、前後軸と背腹軸がありますが、左右対称性なので左右軸はありません。

内側の細胞層は「内胚葉」に対応しており、消化管を構成しています。ただし、私たちの消化管と違って、身体の前後に伸びているだけでなく、末端が枝分れしています。食べ物は身体の前方部にある口から入りますが、消化されつつ全身に広がっていき、肛門は存在しません。枝分れの先から全身に栄養が拡散してゆくのです。前方部には光を感じる杯状の眼が一対あり、なかなか可愛いヤツです。

このようなプラナリアの神経系は、全体としては「籠状《かごじょう》神経系」と呼ばれますが、口のある頭部にニューロンが集中しており、逆U字形を呈しています。これはなぜかというと、頭部には食物を摂取する「口」や、眼などの感覚受容器が存在するからです。

動物は植物と異なり、光合成などによって自分でエネルギーを合成することができません。栄養の摂取は生存戦略上もっとも重要なことになります。したがって、口のある方向が、動物にとっての進行方向であり前方部です。この前方部に、センサーである各種感覚器が集まるようになるのです。

これを専門用語では「頭化」(cephalization)と呼びます。神経系もそれに合わせて頭部に集中するようになります。脊椎動物の脳とはその構築が異なるものの、プラナリアの頭部においてニューロンが集合した「神経節」と呼ばれる構造は、機能的には「脳」の起源とみなすことも可能でしょう。

プラナリアは阿形清和(現学習院大学)らの日本人研究者が精力的に研究を行い、どのようにして神経系が発生するのかについても、分子レベルの知見が集積しつつありますが、ここでは割愛します。

†頭部の「脳」と梯子状神経系――昆虫

昆虫はある意味、地球上でもっとも繁栄している動物です。というのは、その種類、すなわち「種」として認定されている数がもっとも多いのです。

昆虫は分類学的には、エビやカニのような甲殻類と同じ「節足動物」の仲間で、動物の進化の中では扁形動物と共通の「旧口《きゅうこう》動物」、専門的には発生の過程で原腸陥入する「原《げん》口《こう》」が「口」となる動物に属します。

種類が多い理由としては、多様な体のつくりを許容する発生プログラムを有していることが考えられます。昆虫の祖先はゲジゲジのように、どの節にも脚を備えた作りだったと思われますが、翅《はね》という構造を獲得することにより、生活圏を空中へと広げることに成功しました。そのために、縄張り争いを避けて生態学的な「ニッチ」を拡大することができ、多様な種が広く生存できることに繋がったのです。

昆虫には明確な頭部があり、視覚、聴覚、触角などの感覚器が集中しています。すなわち、プラナリアよりさらに「頭化」が進んでいるといえます。実際、昆虫の頭部には「脳」と呼べるようなニューロンの集合体が存在します。ただし、脳に繋がる神経系は体幹部では腹側に存在します。この点は、私たち脊椎動物とは大きく異なっています。

第2章で述べたように、私たちヒトを含め、新口《しんこう》動物（原口が「口」とならず、口は新たに形成される動物）である脊椎動物の脳と脊髄は「神経管」という原基から形成されます。神経管は「外胚葉」の一部から作られ、体の中では背側に位置します。これに対して旧口動物である昆虫では腹側の外胚葉に神経幹細胞が生まれ、そこからニューロンやグリア細胞が作られます。

結果として、昆虫では節ごとに枝分かれした神経系が腹側に形成されます。このような神経系を「梯子状《はしごじょう》神経」と呼びます。節構造があるため、昆虫の神経系はプラナリアよりもシステマティックな作りになっています。

興味深いことに、身体での相対的位置は正反対であるものの、昆虫の神経系が誘導されるメカニズムは、脊椎動物の場合とほとんど同じ分子の道具立てを使っています。つまり、遺伝子・分子レベルで考えると、いろいろな共通項が見えてくるのです。このため、ショウジョウバエはモデル動物として大活躍し、第3章で紹介した「ハリネズミ」タンパク質やホックス遺伝子のように脊椎動物の発生メカニズムについてもヒントを与えてくれます。本書執筆年のノーベル生理学医学賞もショウジョウバエを用いた行動遺伝学に基づく「時計遺伝子」の研究に対して授与されました。

†「脳」の原型は意外なところに

前述のように、我々ヒトを含む脊椎動物は「新口動物」の仲間から分かれてきました。

筆者の住む仙台では、夏の味覚として「ホヤ」の刺身や酢の物があります。外国人のゲストに「これ、何だと思う?」と訊くと、さっぱり分からない様子ですが、「私たちの7億年前の祖先ですよ!」とヒントを与えると「Oh! Ascidian!」と気がつかれます。「ガゼウニ」として殻付きで供される「ウニ」もこの地方の夏の食材として欠かせませんが、棘《きょく》皮《ひ》動物に分類されるウニも、尾《び》索《さく》動物のホヤも、新口動物であり、そのカタチからは想像

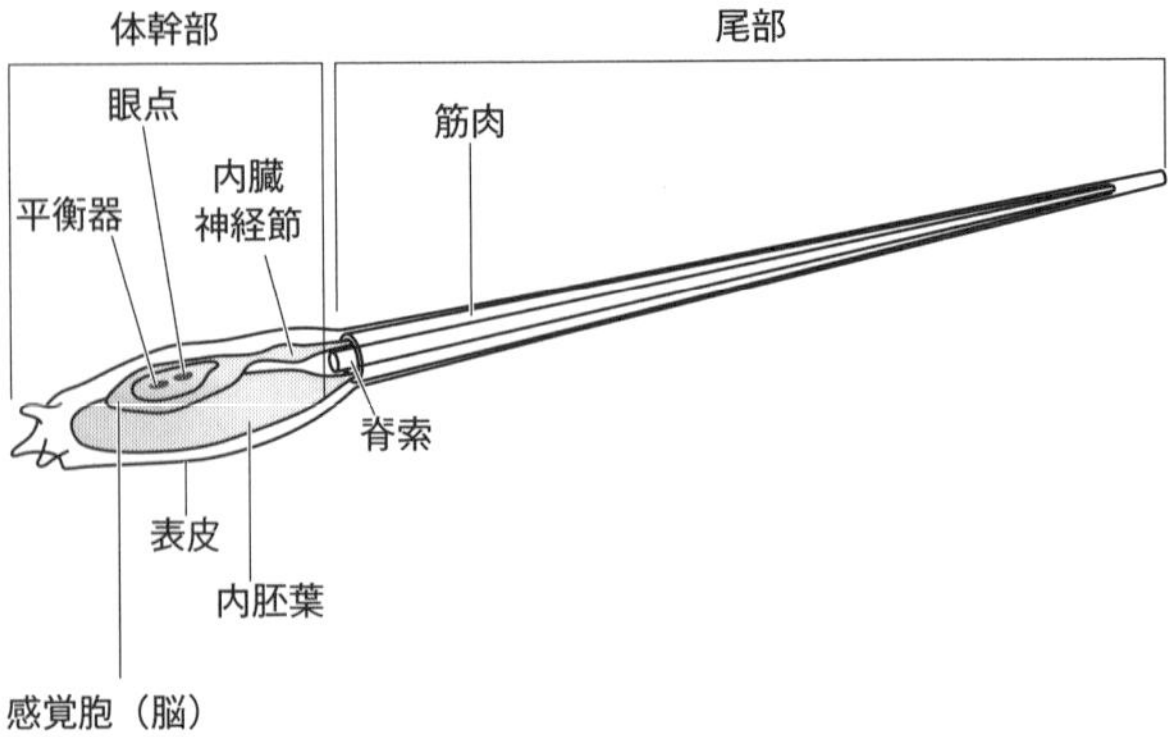

図10－2：ホヤのオタマジャクシ幼生の神経系

し難いですが、実は昆虫よりもはるかに人間に近い動物なのです。

私たちが食するホヤは、英語で sea pineapple あるいは sea squirt と呼ばれる成体で、硬い殻の内側の部分を食するのですが、幼生はオタマジャクシのような姿で泳ぎます（図10－2）。年を取るとずぼらになって、岩に固着する生活になるのですが、「オタマジャクシ幼生」と呼ばれる時代の身体のつくりは、けっこう脊椎動物に似ています。

ホヤ幼生は細胞数が少なく、神経系がおよそ100個のニューロンで形成されることが分かっています。頭部にニューロンが集中していて「頭化」が認められ、身体全体の中では背中側に神経系が位置しています。つまり、ヒトの「脳」の原型はホヤのオタマジャクシ幼生にさかのぼることができるといってよいでしょう。進化の過程で脊椎動物の脳がどのように変化してきたかについては、この後、詳しく紹介します。

ニューロンの起源――クラミドモナス

さて、これまで「脳」と呼べるような組織は昆虫やホヤには認められると述べましたが、神経回路を構成する「ニューロン」自体がいつ頃誕生したのかを考えてみましょう。

ニューロンの役割をおさらいすると、「刺激に対して電気パルスの信号を生成し、細胞の端から端へと伝える」ということになります。そういう意味では、単細胞であっても「何らかの刺激に対して応答する」能力は有しています。では、単細胞から成る生物は、どのようにして刺激に応答するのでしょうか？

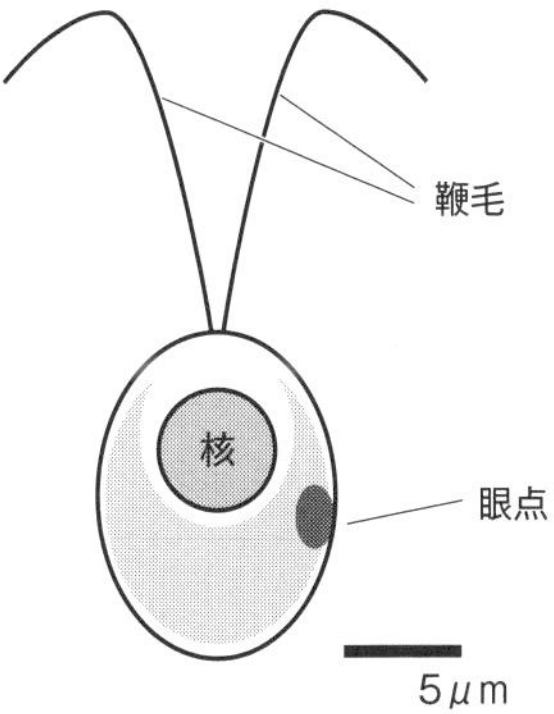

図10-3：クラミドモナス

「クラミドモナス」という生物は、淡水に生息する単細胞で、約10億年前に誕生したと考えられていますす（図10-3）。クラミドモナスは、10〜30マイクロメートル（10マイクロメートルは0・01ミリメートル）の楕円形の細胞体の前方に触角のような2本の鞭毛《べんもう》を持ち、この鞭毛を使って動きまわります。

このクラミドモナスには、「チャネルロドプシン」という、光に反応する膜タンパク質が細胞膜に存在します。チャネルロドプシンは「オプシン」という光感受性タンパクの仲間です。例えば、網膜の視細胞に存在する「ロドプシン」は、レチナール（ビタミンAの誘導体）という低分子と結合して、視覚の受容に関わります。クラミドモナスのチャネルロドプシンは、光が当たると陽イオンを細胞内に取り込む「光ゲートイオンチャネル」として働き、光応答に関わるのです。

ちなみに、このチャネルロドプシンの性質を利用した最新技術では、遺伝子改変した動物の脳の中で、特定のニューロンのみ光応答させ、神経活動を制御することができます。この方法は「光遺伝学」（もしくは「オプトジェネティクス」）と呼ばれ、近い将来、ノーベル賞を受賞するかもしれない技術として着目されています。

このチャネルロドプシンを使って、クラミドモナスは光に応答して泳ぐことができます。そして、クラミドモナスは「シナプス」は有していないのですが（自分自身が単細胞なので当然ですが）、なんと、シナプス形成に重要な分子は備えています。さらにシナプス関連分子の起源を探ると、神経伝達物質の受容体、細胞接着分子やその裏打ちタンパク質など、後生動物に共通な道具を持っているのです。

つまり分子のレベルでみると、私たちの脳を作るための部品は、すでに10億年前から準備されていたことになります。言い換えるなら、神経系を構築するための分子や、その分子群を規定する遺伝子は、システムとしての神経系も細胞としてのニューロンも持たない単細胞生物の時代にすでに作られていたのです。

†カイメンは無神経?

多細胞生物はどうでしょうか? 海中で生育するカイメンは、化石の中ではもっとも古い「動物」として知られています。約6億3500万年前にこの動物が生息していたと思しき化石が存在しているのです。

カイメンは、多細胞動物でありながら、システムとしての「神経系」は存在しません。そもそもあまり多種類の細胞に分化しておらず、ニューロンそのものがありません。したがって、カイメンは、動物共通の祖先に神経系が誕生するよりもはるか前に、独自の進化の道筋をたどることになったと考えられてきました。

しかしながらカイメンには、ニューロン的な細胞は存在しています。実はホヤと同様にカイメンにも幼生の時代があり、その頃は海の中を泳いでいるのですが、幼生カイメンの表面の「球状細胞」と呼ばれる細胞には孔があって、長い毛が生えています。これは「センサー」として働く細胞によく見られる構造です。例えば私たちの内耳の中にある「有毛細胞」は、空気の振動を音として感知します。前述のクラミドモナスも同様のカタチをしています。ただし、カイメンの毛の生えた細胞が何を感知しているのかについてはよく分かっていません。

分子レベルで調べると、やはりカイメンも、クラミドモナスが有する「シナプス関連分子」を持っています。さらに加えて、カイメンは、グルタミン酸受容体など、シナプスに存在して神経伝達物質を受け取る受容体の分子も持っています。つまり、ニューロン的な細胞をつくるための分子的なお膳立ては、クラミドモナスの時代からカイメンまで共通して準備されていたといえるでしょう。

システムとしての神経系は、第Ⅰ部で見たように、ニューロンとニューロンを繋ぐシナプスができて初めて成り立ちます。したがって、システムとしての「神経系」の起源としては、カイメンとヒドラの共通の祖先に、単純なシナプス構造が作られるようになったのが最初と考えられます。その先の進化の道筋が異なり、ヒドラは散在神経系をつくる方向に進化したのに対し、カイメンは神経系を失った、というのが現在考えられている神経系の起源に関するシナリオです（図10-4のA）。

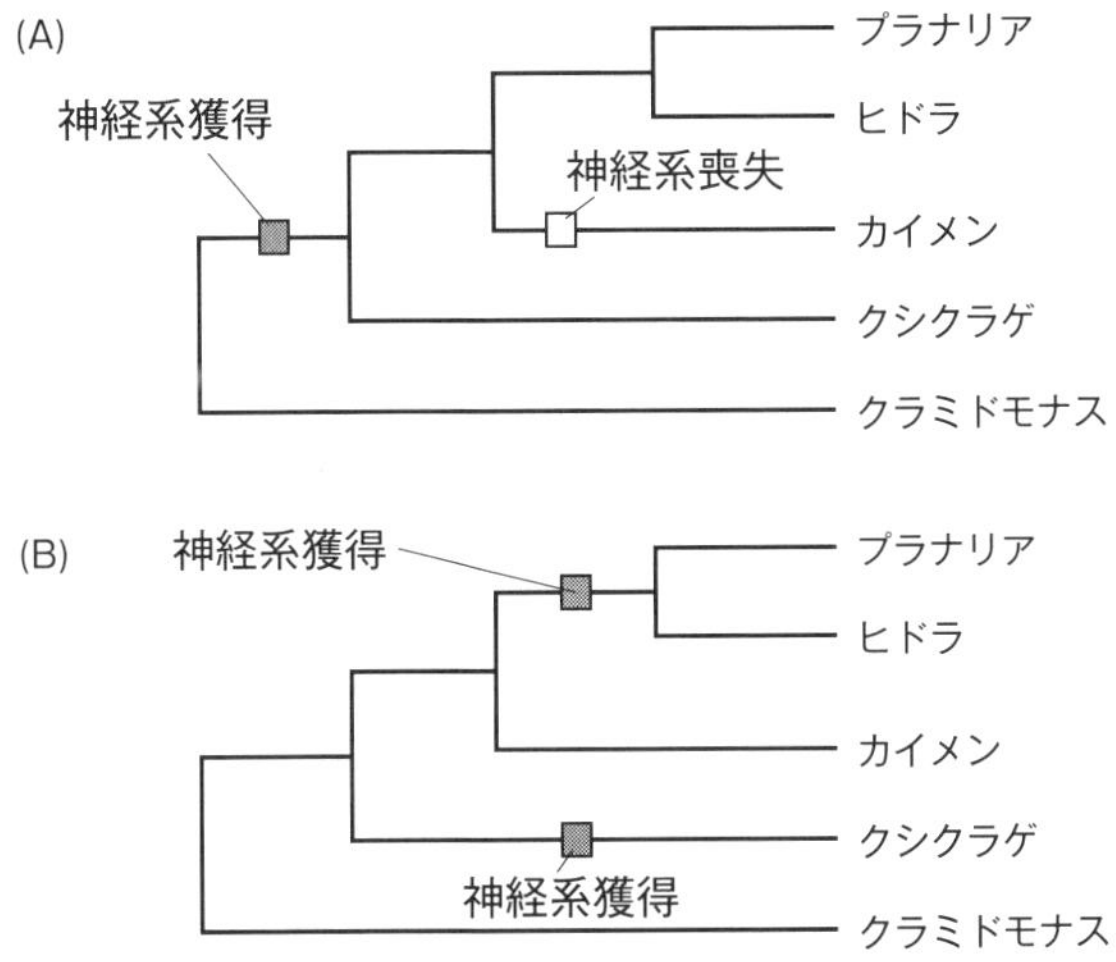

図10－4：神経系の出現時期についての２つの考え方

もう一つ、別の考え方として、ヒドラやプラナリアがカイメンとの共通の祖先から分かれた後に神経系を獲得したというストーリーもあります（図10－4のB）。この根拠としては、クシクラゲという動物に求められます。クシクラゲは、普通のクラゲの仲間とは系統樹上で遠い位置にあるにもかかわらず、シナプスや神経系を持っているのです。神経系の起源について、どちらの仮説が正しいかについては、今後さらなる解析が必要です。

いずれにせよ、その後の長い進化の過程で、私たちの神経系に存在するシナプスには、さらに多様なタンパク質が加わり、強靭なものとなりました。詳しくは述べませんが、シナプスのタンパク質を規定する遺伝子に変異が入ると、場合によっては異なる性質のタンパク質が作られるようになります。そのような変異タンパク質が結果として多様な機能をもたらすことになるのです。こうして、複雑なタンパク質が働くようになったことによって、精緻な神経機能を営むことができるようになったと考えられます。

†スーパーモデル動物「線虫」の神経系

ここで少し横道に逸れますが、神経系の研究をする上でのスーパーモデル動物を紹介しましょう。それは、「線虫《せんちゅう》」と呼ばれる動物で、学名がセノラブディティス・エレガンス、専門家は略してCエレガンスと呼ばれます。体長は1ミリ程度。ヒトの腸に寄生する回虫などと類縁で、線形動物です。線虫がなぜモデル動物になっているかというと、個体を構成する細胞の数や種類がすべてはっきり分かっているからです。線虫の細胞の数は全部で959個、そのうち、ニューロンの数は302個あります。体の細胞の約3分の1がニューロンということですね。

線虫は、大腸菌を餌として安価で簡単に育てることができるのも、モデル動物として適した点です。線虫のさらなる利点は、突然変異体が多数存在していることです。これらの突然変異体のどの遺伝子に変異があるのかを遺伝学的に調べると、正常な運動に必須の遺伝子が見つかります。このような運動に関わる遺伝子の一つ*unc-6*という名前の遺伝子は、軸索ガイドに関わるネトリンタンパク質をコードしています（第6章）。固有名詞がたくさん出てきて恐縮ですが、同じタンパク質でも種によって異なる名前で呼ばれるのは、研究者にとっても悩みの種なのです……。

つまり、線虫のニューロンが持つ分子の道具は、哺乳類とほとんど変わりません。グルタミン酸やドパミンなどの神経伝達物質も共通していますしシナプス分子も持っています。逆に言えば、そのような共通性があることも、線虫が有用なモデル動物としての地位を得ている大きな理由です。ほんの小さな生き物ながら、実に頼り甲斐があるのですね。

†パーカーの「眼の誕生」仮説

非常に残念なことに、神経系のような軟らかい組織は骨と違い、化石に残ることはありません。背骨があれば、きっとその中に脊髄が入っていたであろうことは想像できますが、現存の生物と非常に異なる体のつくりを持った生き物の場合には、現時点では、どのような神経系が備わっていたのかは、あくまで推測の域を出ない事柄です。だからこそ、研究者の想像力をかき立てられますね。

英国のチャールズ皇太子の科学アドバイザーを務めていたアンドリュー・パーカー卿は、

『眼の誕生――カンブリア紀大進化の謎を解く』（渡辺政隆・今西康子訳、草思社）という著書の中で面白い仮説を立てています。カナダのバージェス頁岩《けつがん》という地層から、非常に多くの種類のきわめて奇妙なカタチの化石が多数見つかったことは、化石ファンならずともご存じの方も多いでしょう。5億4300万年前、カンブリア紀の始まりと同時に、生物はなぜか突如、爆発的に進化したと考えられています。「カンブリア紀の大爆発」として知られるこの急激な進化が、なぜ起こったのかについて、パーカー卿は「眼」が生じたことが重要であったと言うのです。

なぜ眼が重要であったのかというと、視覚を得たことによって、その生物は遠くにある餌、つまり「被食者」たる他の生物を見分けて捕食することが可能になります。視覚がない生き物は、自分の近くに餌がたまたま来たときにしか、それを捕らえることができませんが、「あ、あそこに餌がある！」と見つけられれば、そこに向かって泳いで食べることができます。逆に、被食者の方も食べられては命が続かないので、素速く逃げる能力が生存の鍵となります。何か他の怖い生物に体を似せる「擬態」も作戦のうちです。こうしてイタチごっこのように、食べる・食べられるの関係がより高度になっていったのは眼が誕生したからだ、というのがパーカーの仮説です。

†眼の誕生にも関わる*Pax6*

この場合に、決定的に重要な遺伝子の一つは、おそらく*Pax6*だと思われます。第3章で紹介したこの遺伝子は、脳の発生のさまざまな局面で八面六臂《はちめんろっぴ》の働きをしますが、もともと「眼の発生のマスターコントロール遺伝子」と呼ばれていました。*Pax6*はヒトにもマウスにもニワトリにもカエルにも存在するだけでなく、ショウジョウバエやプラナリアのような無脊椎動物でも持っていて、進化的によく保存された重要な遺伝子です。

興味深いことに、線虫には眼がありませんが、*Pax6*とほとんど同じ遺伝子があり、線虫の*Pax6*は感覚器の形成に関わります。ウニにも*Pax6*があって、こちらは「管足」と呼ばれる、感覚と運動に関わる器官で働いています。ウニには眼がありませんが、同じ棘皮動物で分類上近い生物であるヒトデの場合には、同様の管足の先端に眼点があります。

つまり、*Pax6*という便利な道具を使いまわすことによって、管足の先端に光を感知することのできる眼点を作ったのが、眼の起源かもしれません。ちなみに、眼の構造は生物によってかなり異なります。昆虫は複眼ですし、軟体動物の眼の網膜は脊椎動物のものと反対向きになっています。構造の違いにもかかわらず、眼の発生に*Pax6*が働いているのは興味深いことです。

現時点では、「眼の誕生」を重要視するパーカーの仮説を検証することは困難ですが、化石からその生物のゲノム情報を読み取ることが正確にできるようになり、現在よりもさらに遺伝情報のしくみが理解されるようになれば、化石の生き物の体の中身や神経系のつくりをシュミレーションできるかもしれません。そうすれば、パーカーの言ったことが本当に正しいか分かるようになるでしょう。*Pax6* が神経系でも重要な遺伝子の一つであることを考えると、カンブリア大爆発の頃の生物がどのような神経系を有していたのかについても興味が持たれます。

第11章　脳の進化を分子レベルで考える

神経系の誕生としてはヒドラの散在神経が起源と考えられますが、その神経回路をつくるシナプスの起源としては、クラミドモナスの時代にすでに分子の道具立てが用意されていることを前章で述べました。つまり、シナプスを構成する「分子レベルの進化」が「システム」としての神経系を成立させるのに重要と考えられます。

では「分子レベルの進化」とはどのようなできごとなのでしょうか？　ここでは遺伝子に生じる「突然変異」のことを説明したいのですが、まずは遺伝情報というヴァーチャルな状態から、どのようにして機能を持ったタンパク質が作られるのかからお話ししましょう。基本的な分子生物学の説明が必要ない方は、どうぞ読み飛ばして進んでください。

†DNAの4－3－2ルール

DNAは地球上の現存生物に共通する遺伝情報の担い手です。1953年のジェームズ・ワトソンとフランシス・クリックによるＤＮＡの二重らせんモデルの発表を契機とし、遺伝子を操作する技術がどんどん発展しました。これは現在の生命科学研究の根幹を成しています。ワトソンとクリックは、ロザリンド・フランクリンが撮影したＤＮＡの結晶構造の像をヒントに、二重らせんモデルを打ちたてました。１９６２年のノーベル生理学医学賞は、フランクリンではなく、その上司であったウィルキンソンが第三の受賞者になっていますが、これはフランクリンがその時点ですでに死亡していたからです。詳しくは『ダークレディと呼ばれて』（ブレンダ・マドックス著、福岡伸一監訳、鹿田昌美訳、化学同人）をご参照ください。

ワトソンとクリックのＤＮＡ二重らせんモデルが「画期的」であったのは、この構造が「遺伝物質」としてのＤＮＡの機能をうまく説明できるものであったからです。２本のらせんのそれぞれが鋳型となってＤＮＡのコピーが写し取られる、すなわち正確な「複製」ができる訳です。これは二重らせんを構成するそれぞれの「鎖」が「相補的」に結合することを元にしています。

「塩基」「糖」「リン酸基」の３つのパーツから成る単位を「ヌクレオチド」と呼びます。この「塩基」はＤＮＡの場合には、アデニン（Ａ）、シトシン（Ｃ）、グアニン（Ｇ）、チミン（Ｔ）の４つがあります。このＡとＴ、ＣとＧが２本のらせん状の鎖から手を繋ぎ合

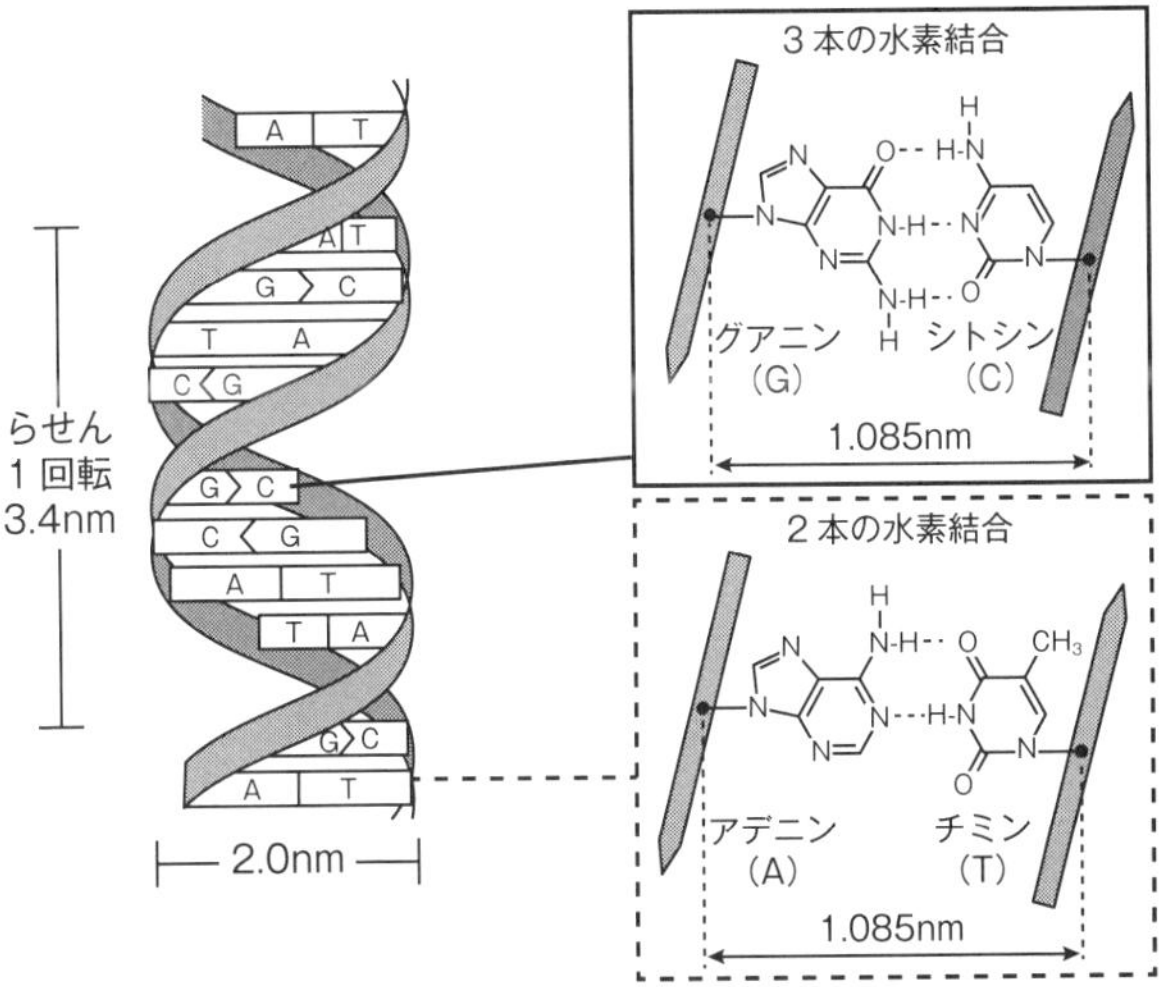

図11-1：DNAの構造と2種類の水素結合

っているのです。これは、AとTの場合には、2本の水素結合で結ばれるのに対して、CとGの場合には水素結合が3つあるからです（図11－1）。腕が2本の塩基と3本の塩基の間では水素結合しにくいのは分かりますよね？

ちなみに、タンパク質合成の中間体となるRNAの場合にはA、C、Gの他に、ウラシル（U）となります。DNAとRNAは「糖」の種類が異なり、DNAならデオキシリボース、RNAならリボースが使われます。リボースから酸素原子がなくなったものがデオキシ（脱酸素）リボースです。「リン酸」はDNA、RNAとも共通なパーツです。この「4つの塩基、3つのパーツ、2つの塩基の間の相補的結合」を私は「核酸の4－3－2ルール」と説明しています。

DNAの複製にしろ、RNAの合成にしろ、大事な点は、「塩基のAはTもしくはUと、CはGとだけ結合する」という性質があることです。このことによって、正確に遺伝情報がコピーされたり、間違いなくタンパク質が作られる訳です。

†「遺伝子が働く」とはどういうことか

約30億個の塩基対から成るDNAは総体として1セットの「ゲノム」と呼ばれる遺伝情報ですが、私たちの細胞の中には、父方と母方に由来する2セットがあります。文字がびっしり書かれた百科事典を想像して頂き、第1巻から第22巻とXの巻もしくはYの巻が1セットだと思ってください。この一冊の「巻」に相当するのが「染色体」です。

ゲノムとは遺伝情報のヴァーチャルな状態と思ってもらえばよく、このままでは、いわばコンピュータのプログラムに書き込まれた数式のようなものなので、読み取って作動させる必要があります。作動して作られるのがタンパク質です。つまり、DNAから実際に生体機能に関わるタンパク質が合成されなければ、いかなる生命現象も生じません。厳密に言えば、現在では、タンパク質を規定しない情報も多数あることが分かっていますが

（第13章）、ここでは割愛します。興味のある方は『エピジェネティクス――新しい生命像をえがく』（仲野徹著、岩波新書）などをご参照ください。

このＤＮＡに書き込まれた情報の一部が「遺伝子」と呼ばれる単位となっています。遺伝子が機能を持ったタンパク質に変換される過程は「セントラルドグマ」と呼ばれます。具体的には、まず細胞の核と呼ばれる構造の中で、ＤＮＡの塩基配列の一部が写し取られて一本鎖のメッセンジャーＲＮＡ（ｍＲＮＡ）という断片が作られます。

大事なポイントなのですが、約2万種ある遺伝子たちのすべてが「スイッチ・オン」になっている訳ではありません。ある細胞にとって必要な遺伝子のスイッチのみがオンになります。基本的にどの細胞も同じＤＮＡの情報を持っているのですが、異なる遺伝子の組み合せがスイッチ・オンになることで、異なる細胞が作られます。

遺伝子のスイッチは「転写制御因子」（「転写因子」とも）というタンパク質が、ほぐれたＤＮＡの鎖の上にある、目的の遺伝子のオン・オフを決める配列（調節領域と呼ばれます）に結合することによってオンとなります。逆に、転写因子が結合することによりオフになる場合もあります。実際には、スイッチを押す指のような働きをする転写制御因子は複数がＤＮＡ上に結合し、オン・オフの調節を行います。

さて、ｍＲＮＡは中間段階の遺伝子産物で、核膜孔から細胞質に出ていき、そこでタンパク質に変換されます。ＤＮＡからｍＲＮＡができる過程を「転写」と呼び、ｍＲＮＡからタンパク質が作られる過程は、違う言葉に置き換わるようなものなので「翻訳」と呼びます。

　転写の過程において、ｍＲＮＡは鋳型となるＤＮＡに対して「相補的」な塩基配列となるように合成されていきます。ＤＮＡとＤＮＡの場合は、ＡとＴ、ＣとＧが相補的でしたが、ＤＮＡとＲＮＡの場合は、ＡとＵ（ウラシル）、ＣとＧが相補的です。ＤＮＡの場合と同様に、ＡとＵの場合には2つ、ＣとＧの場合には3つの水素結合があります（図11-1参照）。ＤＮＡからｍＲＮＡへの転写にはＲＮＡポリメラーゼという酵素が働きます。

　次に行われる翻訳の過程では、ｍＲＮＡの三つ組の塩基配列が1個のアミノ酸を規定しています。これをトリプレット・コドン（三つ組暗号）と呼び、次の節で説明します。翻訳は細胞質内に多数存在するリボソームというタンパク質合成マイクロマシンを使って行われます。

　リボソームはｍＲＮＡの糸の端にしがみつき、その中にトランスファーＲＮＡ（ｔＲＮＡ）という特別なＲＮＡの頭にアミノ酸が結合した分子を受け入れます。ｔＲＮＡが順次、対応するｍＲＮＡに合わせたアミノ酸を並べる役目を果たし、アミノ酸同士の間で共有結合が順次生じます。やがて、ひとつながりのタンパク質鎖が形成され、それがアミノ酸の

TTT	フェニルアラニン	TCT	セリン	TAT	チロシン	TGT	システイン
TTC		TCC		TAC		TGC	
TTA	ロイシン	TCA		TAA	終止コドン	TGA	終止コドン
TTG		TCG		TAG		TGG	トリプトファン
CTT		CCT	プロリン	CAT	ヒスチジン	CGT	アルギニン
CTC		CCC		CAC		CGC	
CTA		CCA		CAA	グルタミン	CGA	
CTG		CCG		CAG		CGG	
ATT	イソロイシン	ACT	トレオニン	AAT	アスパラギン	AGT	セリン
ATC		ACC		AAC		AGC	
ATA		ACA		AAA	リシン	AGA	アルギニン
ATG	メチオニン	ACG		AAG		AGG	
GTT	バリン	GCT	アラニン	GAT	アスパラギン酸	GGT	グリシン
GTC		GCC		GAC		GGC	
GTA		GCA		GAA	グルタミン酸	GGA	
GTG		GCG		GAG		GGG	

図11-2：DNAの三つ組暗号表。表中「ATG」は開始コドンの働きもする

性質に従って折りたたまれ、種々の形をもったタンパク質が形成されます。このような際にも多数のタンパク質が酵素として働きます。いわば、それぞれがナノレベルの分子マシンといえます。

†三つ組の遺伝暗号とアミノ酸の対応関係

細胞の機能にとって重要なタンパク質は、アミノ酸が数珠つなぎになった重合体です。A、T、C、Gを文字とすると、3文字ずつの組み合せがアミノ酸に対応します。その三つ組の遺伝暗号が「トリプレット・コドン」です。遺伝暗号とアミノ酸は図11-2（「コドン〈暗号〉表」）のような対応関係になっています。なお、実際にはmRNAの3つの塩基がアミノ

酸に対応しています。

DNAが遺伝情報の元であるということは1920年代に米国のオズワルド・エイブリーが最初に言い出したのですが、当時は「4種類しかないDNAなんてものが、なぜ複雑な遺伝情報を担うことができるのか?」と、信じてもらえませんでした(そうでなかったら、エイブリーの発見はまさにノーベル賞ものでした)。ですが、実際にはこうして三つ組の塩基配列が1個のアミノ酸を規定することができ、さらに、その組み合せは無限にありえるということがお分かりになるでしょう。

この暗号表のうち、ATGは「メチオニン」というアミノ酸をコードすると同時に、mRNAに読み取られた暗号のどこから実際に翻訳を開始するのかを決めています(開始コドン)。また、TAA、TAG、TGAの3つのコドンは「終止コドン」と呼ばれ、この配列で翻訳が終わりになることが約束されています。

表をよく見て頂くと、上記のメチオニン(ATG)やトリプトファン(TGG)のように、アミノ酸と核酸が1対1に対応しているものがある一方、同じアミノ酸名が複数の遺伝暗号に対応しているものもあることが分かると思います。例えば、必須アミノ酸の一つであるロイシンはTTA、TTG、CTT、CTC、CTA、CTGのどの塩基配列でも規定されます。このようにダブっていることを専門用語としては「冗長性がある」と言います。

遺伝情報のコピーミス

個体のどの細胞も、基本的に同じ一揃いのゲノムDNAのセットを遺伝情報として持っていますが、細胞が分裂するときには、このDNAセットのコピーを作らなければいけません。これが「DNA複製」です。DNAの複製は、二重らせんとなっている1本ずつのらせんがまずほどけて、それぞれのらせんを「鋳型」として、そのらせんと「相補的」なヌクレオチド対が次々とつなぎ合わされ「重合」していくという化学反応です。この反応はDNAポリメラーゼという酵素が働くことによって行われます。

DNAポリメラーゼは、例えば鋳型が「A、C、T、G」という塩基の並びであったら、「T、G、A、C」という塩基を持つヌクレオチドを重合させます。このコピーはかなり正確にできるのですが、ごくたまに間違いが生じます。その確率は10の7乗に1回くらいですが、実際には、間違いを正す「DNA修復」というメカニズムが働くので（それ専門の酵素もあります）、10の9乗に1回程度です。空港で預けた荷物が出てこない確率（200回に1回程度）や、自動車事故の確率（年間1万人に1人程度）よりも、はるかに少ないのです。

このDNAのコピーミスが「突然変異」です。紫外線や放射線は、このDNA複製のミスを増加させる働きがあります。

コピーミスには次のようなものがあります。

・点突然変異：1つの塩基が別のものに置き換わる
・挿入変異：1つの塩基、DNAの断片、あるいは遺伝子全体が既存の配列の途中に挿入される
・欠失変異：1つの塩基、DNAの断片、あるいは遺伝子全体が既存の配列から消去される
・重複変異：DNAの断片、遺伝子全体、あるいはゲノム全体がそっくりコピーされる
・逆位：DNAの断片が反転してもとの配列に挿入される

この他に、別々の染色体の部分が融合することによっても遺伝情報の大幅な書き換えが生じます。

突然変異により遺伝情報であるDNAの塩基配列が変化すると、その情報によって規定されるアミノ酸の配列が変化し、結果としてタンパク質の性質が変わります。

私が大学の授業でよく紹介するのは「鎌状《かまじょう》赤血球症」という遺伝性の貧血の原因となる突然変異です（図11－3）。鎌状赤血球症では、赤血球のヘモグロビンというタンパク

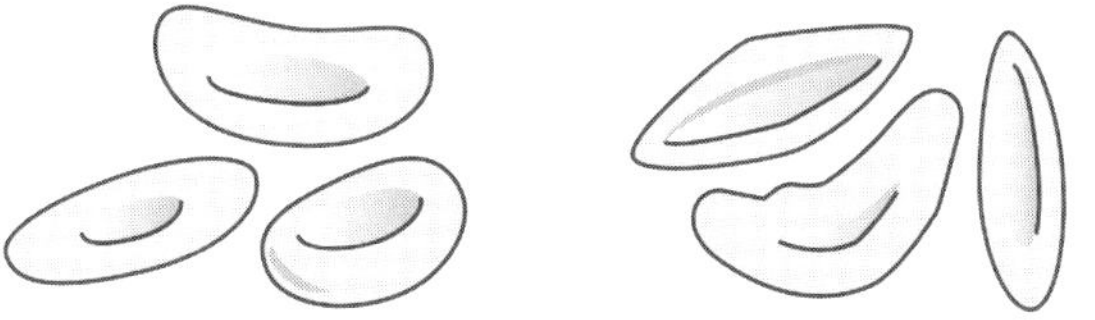

図11-3：貧血を引き起こす鎌状赤血球

質の性質が変化して凝集してしまい、結果として赤血球の形が平たい円盤状から三日月形、あるいは「鎌形《かまがた》」に変化します。このような赤血球は毛細血管内で凝集しやすく、破壊されてしまうので貧血を生じます。鎌状赤血球症の場合の遺伝子変異は、ＤＮＡ上のＣＴＣという部分がＣＡＣに変化しただけ、つまりたった1個の塩基の違いなのですが、そのことによって暗号が書き換えられヘモグロビンタンパクの第6番目のアミノ酸がグルタミン酸からバリンに変わってしまうのです。

あるいは、「フェニルケトン尿症」という先天性代謝疾患があります。これは酵素（もしくは補酵素）の異常によってアミノ酸の代謝が異常になり、不完全代謝物としてケトン体が溜まる先天的な病気で、新生児のうちに治療しないと精神遅滞を招きます。尿中のフェニルケトンの量を測定することにより診断できるので、日本ではすべての新生児で検査することになっています。もしフェニルケトン尿症と分かったら、アミノ酸のフェニルアラニンを含まない特殊なミルクで育て、さらに生涯にわたってフェニルアラニンの摂取をコントロールする必要があります。

典型的なフェニルケトン尿症の場合には、フェニルアラニンをチロシンというアミノ酸に変換する酵素の活性が低下しているのですが、４０８番目のアルギニンというアミノ酸がトリプトファンという別のアミノ酸に変化しています。先程の暗号表を見て頂くと分かると思いますが、これは、ＤＮＡレベルで言えば、アルギニンをコードしているＣＧＡという塩基配列がＴＧＡに変わっただけ（図11－2参照）。やはり、たった１つの塩基ＣがＴに変異しただけで病気が生じるのです。

突然変異は善か悪か？

このように書くと、「突然変異」は何か「悪いこと」のような気がしますよね？　ところが実は、鎌状赤血球症を起こす突然変異にはメリットもあったのです。この病気は日本では少ないのですが、マラリアという感染症の多いアフリカでよく見られます。

マラリアは蚊を介して感染しますが、鎌状赤血球は短時間のうちに溶血（破壊）してしまうので、マラリア原虫が増殖できず、結果としてマラリアの発症が抑えられます。つまり、鎌状赤血球の変異遺伝子を両親のどちらか片方からだけ受け継いだ人は、変異遺伝子をまったく持たない人よりもマラリアに対する生存確率が高いことになるのです。両親から鎌状赤血球の変異遺伝子を受け継いだ場合は、重篤な貧血等により死に至るので、集団の中で変異遺伝子を持つ人の割合は一定に保たれます。

そもそも突然変異があったからこそ、地球上に私たち人類も存在しているのです。もし、単純な身体や機能をもった生き物の遺伝情報に「書き換え」が起きなかったら、私たちはずっと酵母菌のままだったり、海から陸に上っていなかったり、樹の上で生活していたままだったかもしれません。脳の進化について言えば、遺伝子の重複が生じ（過剰コピー）、さらにその遺伝子に変異が生じる（コピーミス）ことが繰り返されることによって、私たちはより高度な脳を獲得することができたのだと言えます。

第12章 脊椎動物の脳

第10章では、9億年前までに地球上に多細胞生物が誕生し、身体のつくりがヒドラのような放射対称・二胚葉性からプラナリアのような両側性・三胚葉性へと複雑になるとともに、システムとしての神経ネットワークが「頭化」の方向に進化していったこと、またその前のお膳立てとして、神経系を作る分子たちが準備されていたことをお話ししました。化石のデータなどから、ヒトを含む脊椎《せきつい》動物に繋がる動物の誕生は、約5億2500万年前と推定されています。ここでは、脊椎動物に共通する脳の基本構造についておさらいし、さらに哺乳類型の脳はどのような特徴を持っているのかについて説明します。

†脊椎動物の起源

「脊椎動物」とは「脊椎」、つまり背骨を持った動物で、ざっくり言えば魚から私たち人間までを含みます。魚の仲間には背骨を持たないナメクジウオのような種もあり、こちらは「頭索動物《とうさく》」と呼ばれます。前述のホヤは「尾索動物《びさく》」と呼ばれ、頭索動物と合わせて「脊索動物《せきさく》」とくくられます。脊椎動物はこの脊索動物から進化したと考えられており、どちらも共通して「脊索」（第2章参照）を持つことが特徴です。

脊椎動物の発生過程で中胚葉から一過性に形成される脊索が「ハリネズミ」タンパク質のSHHという重要なシグナル分子を分泌する器官であることは、第3章で述べました。脊索動物では、このりっぱな脊索が生涯にわたって存在しているのです。

ホヤの幼生の場合、神経系組織は前後軸にわたって身体の背側に存在し、頭部はニューロンが集まっていて膨らんでいます（図10－2参照）。実際に頭部には光を感知する「眼点」という構造と、平衡感覚器があるので、「頭化」していると言えます。このように、脊椎動物と共通する構造を有してはいますが、ホヤの場合、ニューロンはたかだか100個程度しかありません（線虫より少ないのにはびっくりです！）。しかしながら、GABA、グルタミン酸、アセチルコリン、ドパミンなど、脊椎動物と共通する神経伝達物質（図1－3参照）を使って、それなりに複雑な行動パターンを示します。

脳を持つ動物でもっとも古い化石と目されているのは、中国で見つかった約5億2500万年前のハイコウイクチスという名前のものです。体長は約3センチメートルで、現存する動物としてはナメクジウオに近いようです。ナメクジウオの神経系は「神経索」と呼ばれ、体の背中側に前後にわたって存在し、その周囲は骨で覆われており、すぐ腹側には脊索が存在します。ナメクジウオの神経索頭部はやはり膨らんでいて、脳に相当します。したがって、ハイコウイクチスという頭索動物に近い魚が私たちの脳に近い脳を持っていたと考えられます。

†顎の誕生

ナメクジウオの頭部には、各種感覚器官とともに「鰓《えら》」を備えた咽頭部《いんとう》があり、水中の酸素を取り込むほか、食物を濾《こ》し取る役割も果たしています。消化管後方には肛門が存在します。これは、消化管が開放系となっているプラナリアより進化した形態です。ただし、ナメクジウオには普通の魚のような「顎《あご》」は存在しないので、「無顎類《むがくるい》」と呼ばれることもあります。

顎の骨は実は、中胚葉からではなく、もともとは神経管形成時に「神経堤」から離脱して体の中を移動する神経堤細胞（第2章参照）から作られます。ナメクジウオにも、神経堤細胞はありますが、このように硬組織形成に使われることがないのです。

神経堤細胞というのは「外胚葉」に由来しますが、とても便利な細胞で、「幹細胞」的な性質を有しており、さまざまな種類の細胞を作り出すことができます。咽頭の部分では、

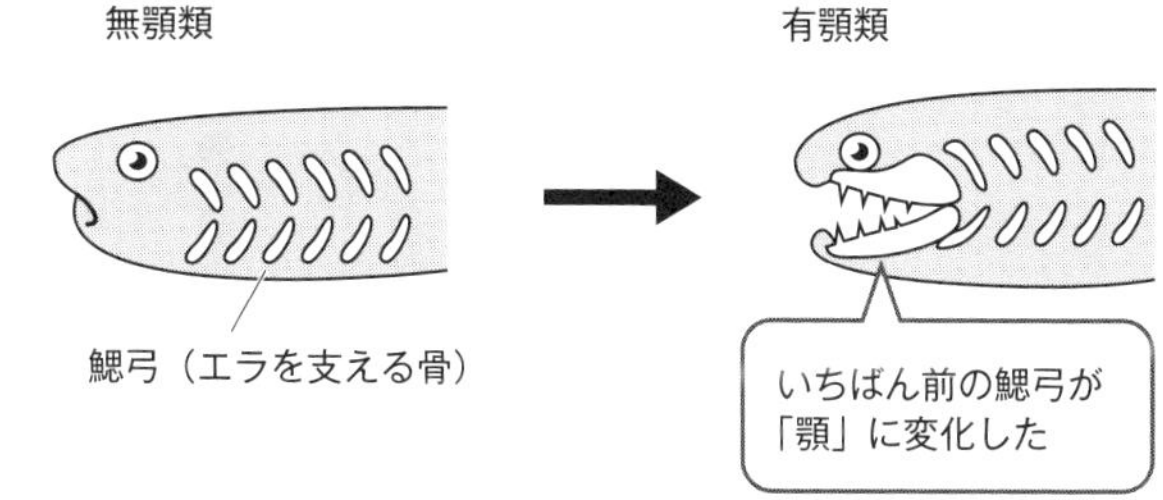

図12-1：顎の進化

神経堤細胞はもともと水中で酸素を取り込むための「鰓」を作るのに動員されたのだと考えられます。おそらく、一般的に体の骨・軟骨を作ることができる中胚葉由来の細胞だけでは足りなかったのでしょう。この鰓の中でもっとも体の前側に位置する「第一鰓弓《さいきゅう》」がより大きく、しっかりとした硬組織を形成するように変形したのが「顎」というわけです（図12-1）。もちろん、顎を動かす筋肉も発達し、それをうまく制御する神経系も伴って進化したと考えられます。

顎ができると大きな餌を食べることができます。それゆえに、摂取エネルギーも増加したことが予測されます（食物が進化に与えた影響についての考察については、第13章で述べます）。すなわち、第10章で述べたパーカーの仮説では「眼の誕生」がカンブリア紀の進化の大きな駆動力になったと考えられますが、脊椎動物の場合には「顎の誕生」がキーポイントであったことが想像されます。興味のある方は、倉谷滋博士（理化学研究所形態進化研究グループ・主任研究員）と筆者との共著『神経堤細胞』（東京大学出版会、絶版）や倉谷氏の近著『新版 動物進化形態学』（東京大学出版会）をご参照ください。

†脊椎動物に共通するメカニズム

脊椎動物には、魚類、両生類、爬虫《はちゅう》類、鳥類、そして哺乳《ほにゅう》類が含まれます。第Ⅰ部でお話しした脳の発生メカニズムは、これらの脊椎動物に共通するものです。

もう一度おさらいすると、まず、外胚葉の正中部分に神経板ができ、この神経板が巻き上がって神経管が形成されます。神経管の前方部分は膨らんで、前脳、中脳、菱脳《りょうのう》（後脳）となり、後方部分はあまり膨らまずに脊髄となります。前脳はさらに分かれて、終脳と間脳になります。

神経管形成より前に起きる発生事象として「中胚葉形成」がありますが、このやり方は脊椎動物の種類によってかなり違いがあります。それは、卵の大きさや性質が異なることによります。また、この後お話しするように、基本的なフレームワークが構築された後の脳の発生も、それぞれの種によって特徴があり、それぞれ異なる身体のつくりや行動様式に合致したものとなっています。ところが、発生初期において、ちょうど脳胞形成が為される時期の脊椎動物胚は、かなり似通ったカタチをしています。

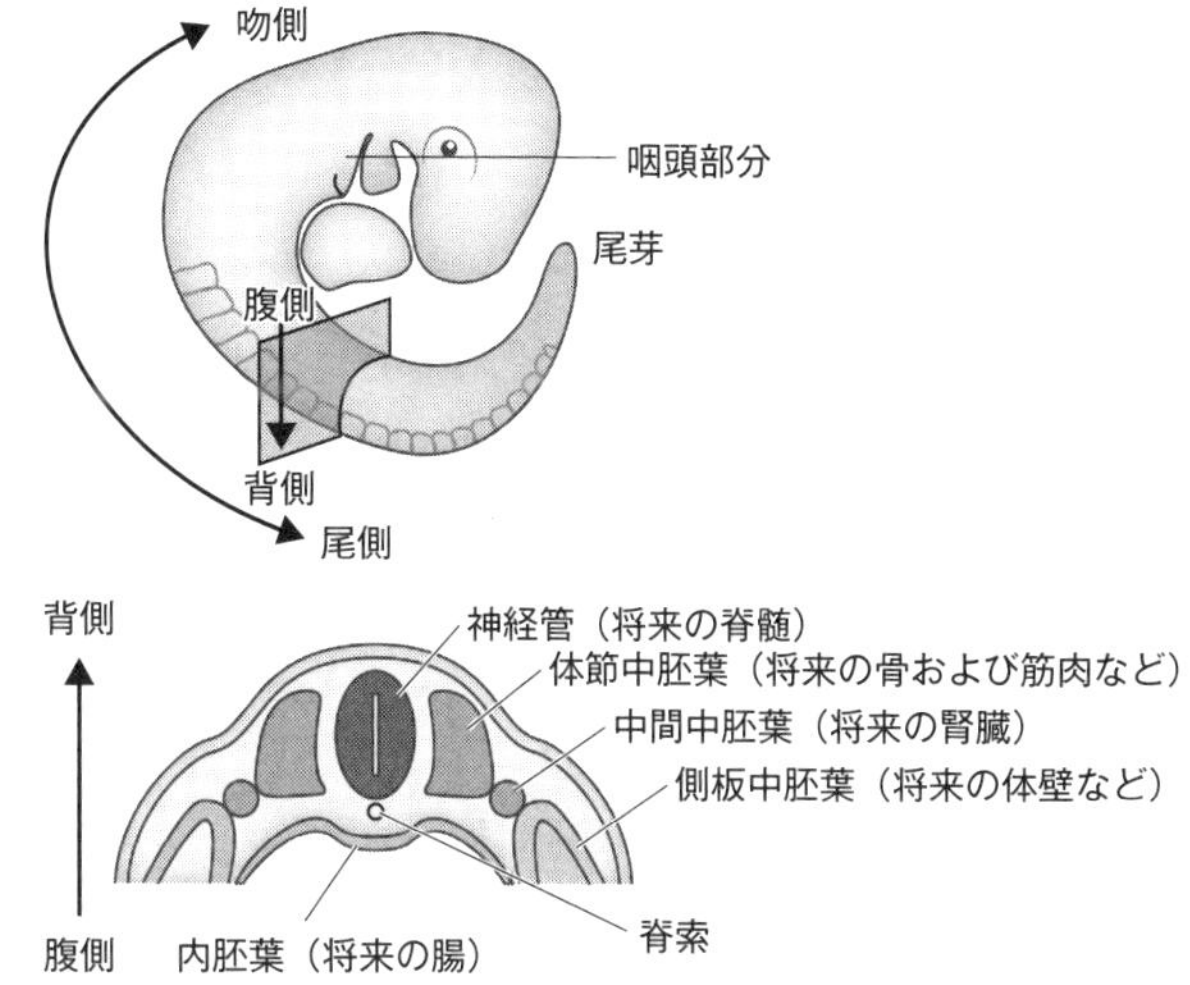

図12-2：咽頭胚に見られる脊椎動物に共通な構造

発生のこの時期の脊椎動物の胚は、別名「咽頭胚」と呼ばれます。この名前は、咽頭部に「鰓弓」（もしくは鰓を持たない動物では「咽頭弓《いんとうきゅう》」）という構造を持つことに由来します。他に、神経管および脊索を有することや、神経管の両脇に中胚葉が一過性に「体節」という節構造を取ることなども共通しています（図12-2）。

19世紀後半を代表するドイツの比較解剖学者であるエルンスト・ヘッケルは、「個体発生は系統発生を繰り返す」という有名な言葉を残しました。これはヘッケル自身が描いた図12-3に明らかなように、咽頭胚の時期の脊椎動物が共通するカタチを示すことか

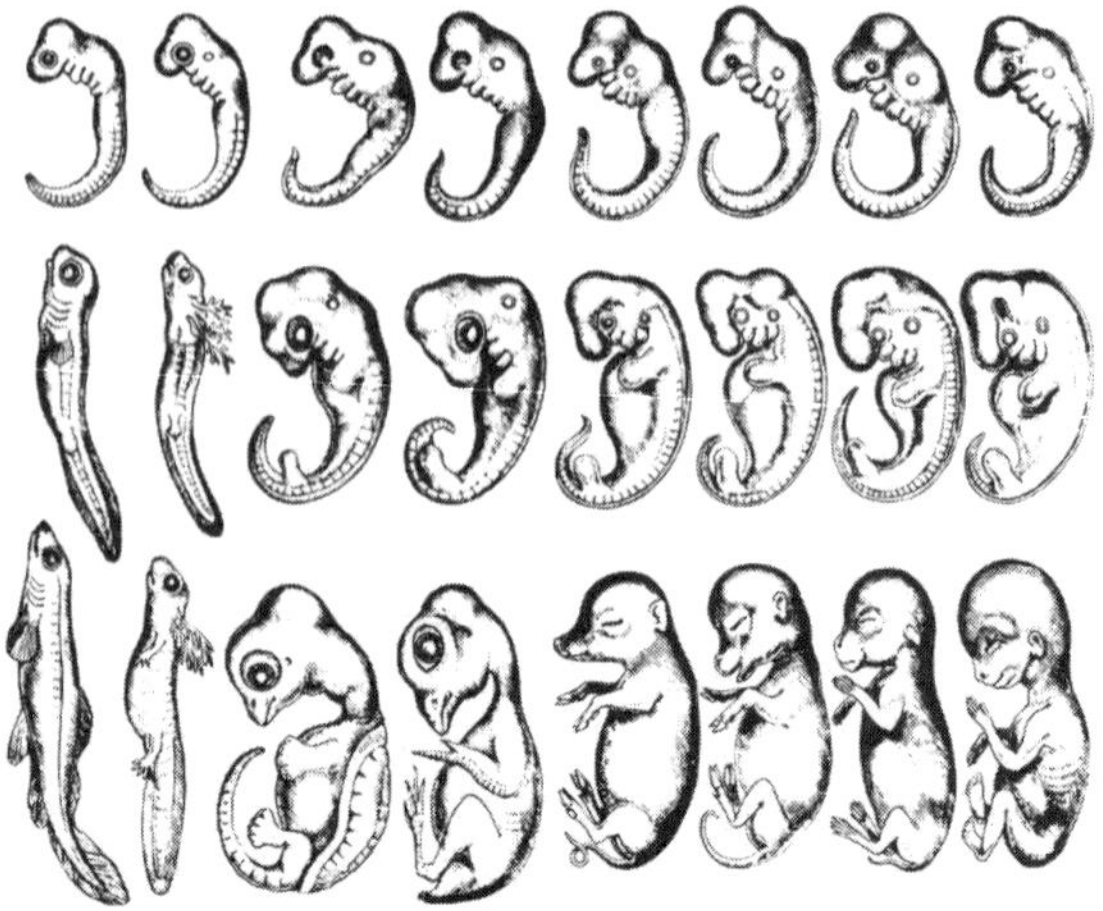

図12-3：ヘッケルの描いた各種脊椎動物胚の図

ら閃《ひらめ》いた概念と考えられます。実際には、ヒトの胎児がカエルの胚の時代やカメの胚の時代を経てから哺乳類の時代になる訳ではないので、ヘッケルの「反復説」は誤解を生みやすいのですが、脊椎動物に共通するメカニズムがあることを見ぬいた点は卓越していたと言えるでしょう。

†脳の「三位一体説」は本当か？

脳の進化に関して、同じく誤解を生みやすい説があります。

1960年代に米国の神経生理学者ポール・マクリーンにより、ヒトの脳は、反射や本能的行動に関わる「爬虫類脳（反射脳）」の上に、情動を制御する「哺乳類原脳（情動脳）」が加わり、さらにその上に理性を制御する「新哺乳類脳（理性脳）」が加わってできた、という「三位一体説」が提唱されたことがありました。

たしかに、反射、情動、理性という神経機能の3分類を脳組織に対応させることは、一見、腑に落ちる説明のように見えます。また、上記のヘッケルにより提唱された「個体発生は系統発生を繰り返す」という説も合わせて、ヒトの神経機能も、爬虫類レベル（反射・本能）から原哺乳類、新哺乳類の進化のように発達すると見なされたこともありました。

しかしながら、比較脳発生学的見地からは、これらの説は納得のいくものではありません。爬虫類でも発生の初期には、前脳（終脳、間脳）、中脳、後脳、脊髄という構造、つまり、哺乳類と共通の構造を有しているのです。あるいは逆に、発生において哺乳類の脳が一過性にでも爬虫類的であるような時期はないのです。

小脳の発達――魚類

話を戻しますと、脊椎動物に共通する咽頭胚の時期、神経管は5脳胞に分かれており、きわめて似通ったカタチをしていますが、その後の発生過程で、それぞれの動物種ごとに異なる形態を示すようになります。結果として、大脳、中脳、小脳など、脳のそれぞれの

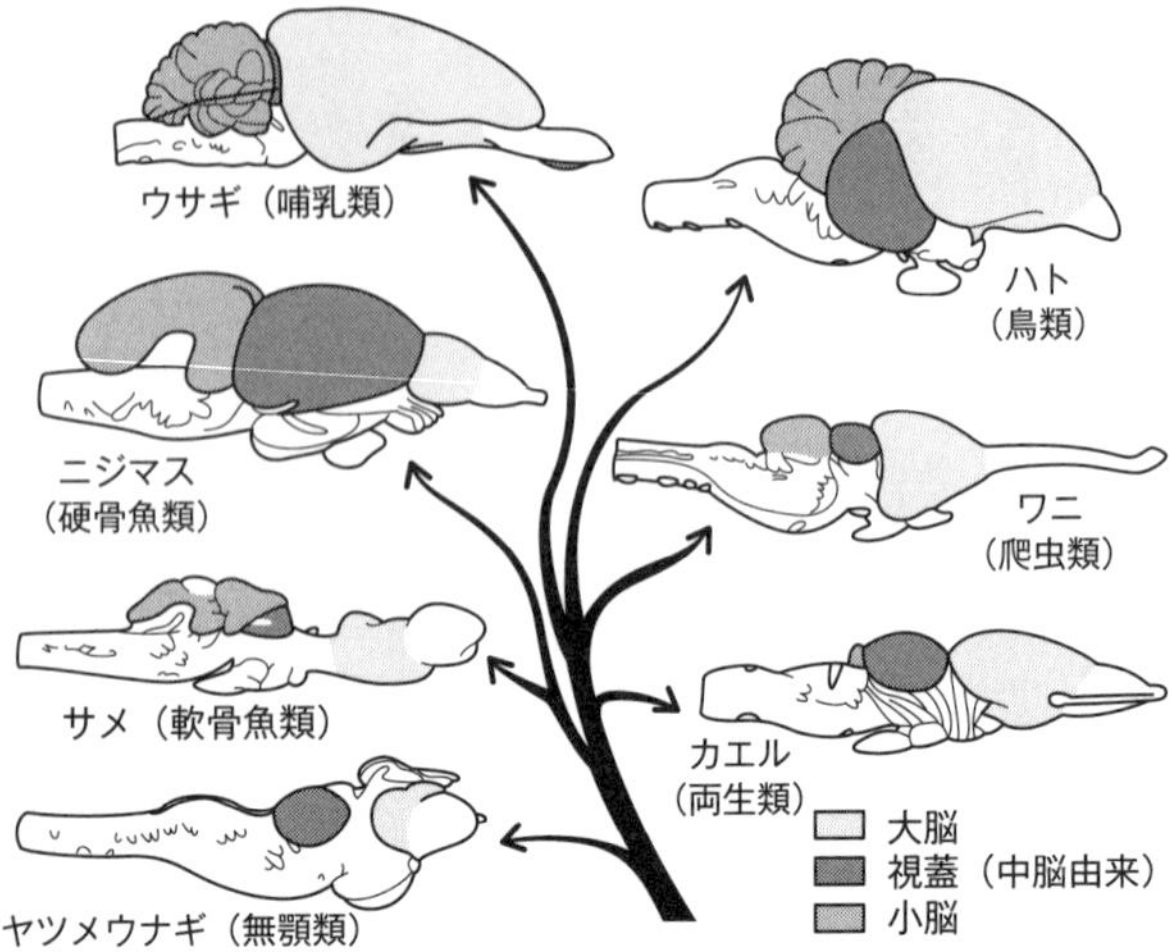

図12-4：脊椎動物の脳（サイズは正確ではない）

領域の大きさや形態が違ってきます（図12-4）。

まず、ヤツメウナギ（無顎類）の脳を見てみましょう。私たち哺乳類に比べると、大脳皮質は相対的に小さくて、嗅球や小脳と同じくらいの大きさです。軟骨魚類のサメでは小脳の部分がもう少し複雑になっていますが、やはり大脳皮質は未発達です。硬骨魚類では、菱脳（後脳）の前方部から形成される小脳が発達しています。これは、水中での平衡感覚や運動機能をつかさどるのに必要と考えられます。ただし、ニジマスのように中脳の方が小脳より発達している魚類もあります。

†脳幹と大脳基底核の発達——両生類・爬虫類

両生類・爬虫類では、小脳は相対的に魚類よりも小さく、菱脳後方から形成される脳幹と、終脳腹側から形成される大脳基底核の部分が、脳の大部分を占めています。大脳基底核は、本能的な情動（原始的な感情）を支配すると同時に、無意識な手足の運動や姿勢の安定に深く関わる部分です。

†視蓋の発達——鳥類

鳥類では、小脳がよく発達しているとともに、大脳基底核が運動の最高中枢として働いています。大脳基底核は、運動の自動安定装置として機能し、鳥類の空中での微妙な運動をうまく制御するのに役立っていると考えられています。

鳥類の終脳背側部は「外套《がいとう》」と呼ばれ、哺乳類と異なり、層構造を形成しませんが、代わりに「視蓋《しがい》」と呼ばれる中脳由来の部分に層構造が発達します（視蓋については第6章のトポロジカルマップ形成のところで扱いました）。鳥類は空の高いところから地上の獲物を見つけて急降下できるくらい視覚が優れていると考えられていますが、終脳に大脳新皮質を発達させるよりも、網膜からの投射先である視蓋（哺乳類では上丘と呼ばれる領域に相当）を発達させたほうが好都合だったのでしょう。

髄鞘の進化の意義

一般的に、それぞれの種の中では進化に伴って体が大きくなる傾向があります。それに伴って、神経軸索も長く伸張することが必要であり、さらに素速い神経伝達をするために髄鞘《ずいしょう》がきちんと形成される必要があったと考えられます。

髄鞘を形成するには効率良く脂質を合成したり、摂取した脂質を代謝して髄鞘形成に必要な物質に変換することが必要です。したがって、このための遺伝的プログラムが進化したことが推測されます。

さらに言えば、摂取する食べ物が少なければ脳を作る材料もありません。肉食動物の体が大きくなって、顎を使ってより大きな食べ物を捕らえることができるようになったことは、脳の進化の上で正のスパイラルと言えます。一方、草食動物でも、ゾウのように体を大きくすることによって肉食動物に捕食されることを避けるように進化したものもあります。

さて、次節からはいよいよ哺乳類の脳の誕生についてお話ししましょう。

哺乳類型の脳ができるしくみ

第Ⅰ部で詳しくお話しした脳の発生メカニズムは、いくつかのモデル脊椎動物を用いた研究成果を元にして得られた基本構造、すなわち共通のフレームワークです。20世紀後半という時代は、まさに生物の共通性について研究する時代でした。「セントラルドグマ」はDNAを遺伝情報とするすべての生物に関して原則として当てはまります。進化的に古いとみなされる生物でも共通に存在している遺伝子ほど、「保存」されており、重要だと考えられます。中枢神経系が「神経管」という原基から作られるのは、すべての脊椎動物に共通です。では、哺乳類の脳には他の脊椎動物に比べてどのような特徴があるのでしょうか？

大脳新皮質が発達し皺ができる——哺乳類

哺乳類になると、後脳から発生した橋《きょう》が形成され、大脳が大きく発達します。さらに次の段階として学習や行動、知的判断などを担う大脳皮質（旧皮質、古皮質、新皮質）が発達するようになります。

哺乳類の大脳新皮質には、第5章で説明したように典型的には6層の層構造が作られま

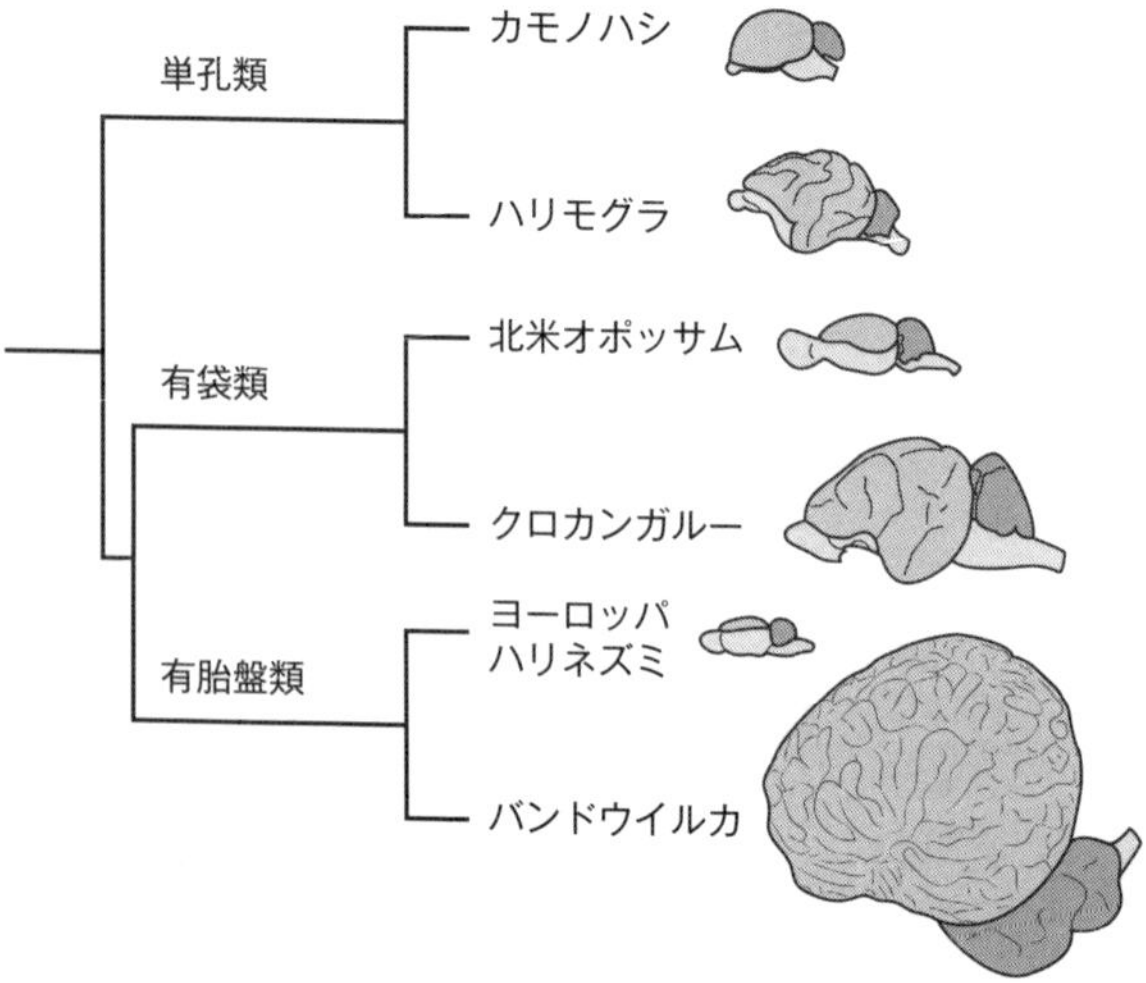

図12-5：哺乳類の脳の皺

す。さらに、マウスやラットでは、大脳の表面はつるんとしていますが、より発達した大脳新皮質を持つ哺乳類、例えば、ネコやクジラでは、表面に多数の「皺《しわ》」があります。皺の凹んだ部分は「溝《こう》」と呼ばれ、突出した部分は「回《かい》」と呼ばれます。

このような溝や回がつくる模様はそれぞれの哺乳類に特徴的ですが、「外側溝」もしくは「シルビウス溝」と呼ばれる、前頭葉と側頭葉の間に存在する溝は、比較的下等な哺乳類でも認められます。ヒトでも、この溝がもっとも早く、妊娠約14週目にははっきりしてきます。これらのことから、シルビウス溝の形成は進化的に意味があるのではないかと考えられています。凹んでいる溝の部分と凸になっている回の部分では、ニューロン産生のスピードに差があるものと予測されます。

このような皺（脳溝と脳回）は哺乳類の進化の過程で大脳が巨大化することによりもたらされた訳ですが、単孔類、有袋類、有胎盤類という3つの系統で独立に生じたという説があります（図12－5）。なぜなら、例えば単孔類のうちカモノハシには皺がなく、ハリモグラには皺があります。同様に、有袋類のオポッサム（皺なし）とカンガルー（皺あり）、有胎盤類のマウス（皺なし）とイルカ（皺あり）など、同じ系統の中でも皺なしと皺ありの動物が存在するからです。一方、これらの共通祖先の段階では皺があり、その後、動物種によって皺を失ったという説もあります。いずれにせよ、巨大化した脳が頭蓋《ずがい》に収まるようにする作戦の一つとして皺が生じたのでしょう。

†体重と脳化指数と知能

一般的に言えば、体の大きな動物ほど、比例してその脳も大きい傾向があり、体の大きさと重さはほぼ比例します。ところが、脳の重さと体重の比を取ると、ゾウの脳の重さは約5キログラムもあってヒトよりはるかに重いですが、体重との比にするとたった560分の1程度なのに対し、ヒトの脳は1400グラム程度ですが、体重の約40分の1を占め

動物	脳重量（g）	EQ
ヒト	1250-1450	7.4-7.8
バンドウイルカ	1350	5.3
チンパンジー	330-430	2.2-2.5
アカゲザル	88	2.1
クジラ	2600-9000	1.8
アフリカゾウ	4200	1.3
ネコ	25	1.0
マウス	0.3	0.5

図12-6：各動物の脳重量と脳化指数（EQ）

ることになります。つまり、脊椎動物を見渡すと、体の大きさの割に相対的に脳が大きくなるという進化の方向があることに気づきます。これは「大脳化」（encephalization）と呼ばれます。

体重比からの想定よりも、どの程度脳が大型化しているかを示す指標として、各種動物の「脳化指数（EQ）」が調べられています（図12-6）。この指数によれば、ネコはほぼ体重から想定される脳重量である（EQ＝1・0）のに対し、アフリカゾウは1・3、バンドウイルカは5・3、ヒトは7・4―7・8という値を示し、高い脳化傾向がうかがえます。

この脳化指数がどの程度、その動物の相対的な「知能」を示すのかについては疑問視されていますが、例えば同じ海洋哺乳類の中で比較すると、イルカはクジラよりも高い値を示すので、ある程度、脳の働きを反映するとみなすことが可能でしょう。ただし、ヒトの脳の重さ（死後脳ですが）でいうと、アインシュタインは男性の平均値より少ない1230グラムだったので、やはり重ければいいということはないようです。

†生活様式に適応化した脳

大脳皮質の感覚野は、体中のさまざまな部位からの感覚入力を受ける部分です。興味深いことに、体のどの部分の感覚にどれだけの面積が割り当てられているか、すなわち感覚野における身体地図は、決して一様ではありません。例えば私たちヒトであれば、相対的に手や唇、舌への割当の方が、足や胴体よりも大きくなっています。

同様に、他の哺乳類でも感覚野に割り当てられた体の各部位の大きさは、その種ごとに異なります。例えば、ホシバナモグラは鼻の周囲にイソギンチャクのような突起があり、この突起で周囲の状況を把握するので、ホシバナモグラの脳の感覚野においては、このイソギンチャク部分に対応した星形の部分が身体地図の大半を占めます。ホシバナモグラと同様に地中に穴を掘って巣にするハダカデバネズミは、大きな前歯が特徴的で、これを使って穴を掘るのですが、ハダカデバネズミの身体地図では、この前歯に割り当てられた面積が非常に大きくなっています。

†哺乳類で発達した嗅覚

10年ほど前に映画化もされたパトリック・ジュースキントのロングセラー『香水』の主人公は、超人的な嗅覚の持ち主として、人びとの気持ちをコントロールする香りを調合することができたという設定でしたが、私たちヒトの嗅覚は一般的には他の哺乳類よりも劣っています。

これはむしろ哺乳類の中では例外的で、哺乳類は優れた嗅覚をその特徴としています。その理由は、当時、地球上を跋扈《ばっこ》していた大型恐竜などの外敵に捕食されるリスクの低い夜に行動することを基本としていたからだと考えられます。つまり、暗闇の中では、視覚よりも嗅覚が役立ったからでしょう。

嗅覚は、鼻の内側にある「嗅上皮《きゆうじようひ》」という部分に存在する嗅覚ニューロンで感知され、その刺激が「嗅球《きゆうきゆう》」という脳のもっとも前側（吻側《ふんそく》）にある部位に伝わります。そこでシナプスを介して次のニューロンに伝わった刺激は、さらに大脳皮質でも「嗅皮質《きゆうひしつ》」という領域に到達して、他の感覚と合わさって処理されます。嗅覚ニューロンの表面にはそれぞれ独自の嗅覚受容体が存在していて、特定の匂い物質に結合することが嗅覚情報の最初のできごとです。

東京大学の東原和成による最近の研究では、マウスには、1366個の嗅覚受容体遺伝子が存在します。このように類似の遺伝子がたくさん存在するのは、前述のように進化の過程で遺伝子が重複し、ダブった遺伝子が微妙に異なる機能を獲得したからだと考えられています。実際には236個は働いていないようですが（偽遺伝子）、それでもマウスでは1130個の受容体遺伝子が働いていることになります。

嗅覚より視覚に頼るようになったヒトでは、嗅覚受容体遺伝子は821個あり、働いている遺伝子数はたった396個です。イヌの場合はどうかというと、1100個の嗅覚受容体遺伝子のうち811個が働いています。なるほど、麻薬取締りに活躍できるだけのことはありますね。でも、数から言えば、ゾウではなんと4267個の嗅覚受容体遺伝子があり、1948個の遺伝子が働いているのです！　ゾウがどんな風に世界を嗅ぎ取っているのか、興味が持たれます。

このように、典型的な哺乳類では嗅覚に依存した生活様式に対応して、相対的に嗅球が大きく、大脳皮質の中でも嗅覚に関係する領域が非常に広くなっています。動物の脳はその生活パターンに見合った構造と機能を持っているのです。

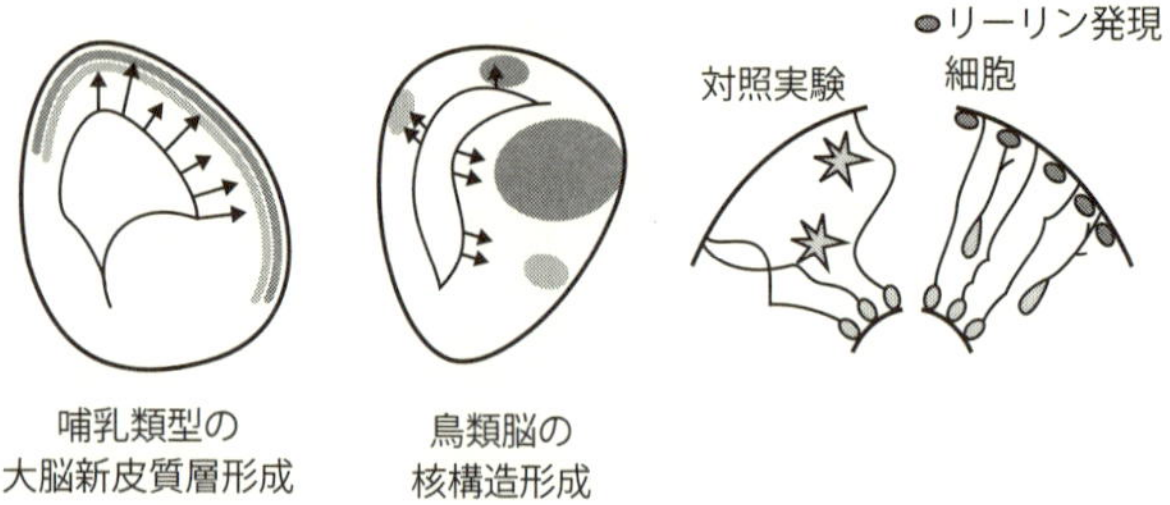

図12-7：野村の行った「鳥類脳を哺乳類型に近づける実験」。
左／哺乳類の終脳背側には層構造をとる大脳新皮質が形成される。早生まれのニューロンは深層に位置し、遅生まれのニューロンは上層に位置する。
中／ニワトリでは、哺乳類の深層ニューロンや表層ニューロンに相当するニューロンは層構造ではなく塊となって核構造を形成する。
右／実験的にリーリンを発現させる細胞を終脳背側の表層側に置いて脳原基スライスを培養すると、ニワトリ胚でも放射状グリアの線維がまっすぐ伸びるようになり、哺乳化した

†哺乳類と鳥類で異なる脳形成のメカニズム

京都府立医科大学の野村真は、脊椎動物の脳の多様性や進化に興味を持っています。私の研究室に在籍していた頃、彼は哺乳類と鳥類の脳の発生メカニズムの違いを調べるために、次のような実験を行いました。

まず、ある程度発生が進んだマウスの脳と鳥類の脳において、ニューロンの存在様式を調べました。すると、哺乳類の大脳新皮質で層構造を成すニューロンが、鳥類では大脳新皮質に対応する領域である「外套」では塊状に存在しているということを確認しました（図12-7の左と中）。つまり、哺乳類の大脳新皮質の深層型ニューロンは、鳥類では外套の内側部に塊状に配置し、浅

層型ニューロンは外側に配置しています。

このことは、哺乳類と鳥類では、初期の共通フレームワークとして「終脳」が完成した後の、その背側部にどのような組織構築をするのかという戦略が大きく異なっていることを示します。

前述のように、哺乳類の大脳新皮質では時間的な制御に基づいて、お母さん細胞である「放射状グリア」から生み出されたニューロンが「インサイド・アウト」に並んで6層構造が形成されます（第5章参照）。これに対し鳥類では、空間的な制御、つまりハリネズミ因子ＳＨＨの濃度勾配等に基づく位置情報に従って、それぞれ特異的なニューロンを産生していると考えられます。むしろ、後者の戦略は、中枢神経系の他の領域でも共通して見られるものであり（第3章参照）、進化的には古い、「デフォルト」のプログラムと考えられます。

このことは、進化の過程で哺乳類の終脳背側が巨大化することに繋がります。「領域」に縛られないニューロン産生戦略により、「時間」を利用することで、長い時間にわたって多数のニューロンを生み出し、大きな大脳を作ることが可能になった訳です。つまり、妊娠期間が長ければ、より大きな脳が作られます。お母さん細胞の放射状グリアの分裂回数が多くなれば、よりたくさんのニューロンが生まれるからです。

野村はもう一つ、哺乳類型の脳を構築する上で、放射状グリアのカタチも重要であると考えました。哺乳類の大脳新皮質では長い突起を持った放射状グリアが存在し、ニューロンの放射状移動の足場になっています。これに対し、鳥類ではお母さん細胞の突起はきちんと放射状に伸びていません。

そこで着目したのが、第5章でニューロンの移動に関わることを紹介したリーリンという分子です。野村は、哺乳類の終脳背側では、脳の表面にリーリンが局在しているのに対し、鳥類の外套（終脳背側部）におけるリーリンの発現は非常に少ないことを見出しました。

次に、鳥類の胚の外套でリーリン分子を働かせてみました。すると、お母さん細胞の突起がきれいにまっすぐ伸びて、典型的な放射状グリアのカタチになったのです（図12－7の右）。つまり、「鳥類の脳を（部分的に）哺乳類化」することに成功したと言えます。前述のように、長く伸びた放射状グリアは、ニューロンがまとわりついてのぼっていくのに必須の構造と考えられるので、哺乳類の終脳背側部ではニューロンの層構造が形成されるようになったと推測できます。

ただし、リーリン分子の局在を変えるだけでは、鳥類の外套に「インサイド・アウト」様式の放射状移動を再現することはできませんでした。つまり、リーリンは哺乳類型の脳を構築する上で、必要条件の一つではあると考えられますが、それだけでは十分ではないのです。進化のメカニズムを「証明」することは、基本的には困難です。しかしながら、上記の野村の実験は、脳の進化を部分的にではあれ、実験的に証明する研究の可能性を切り拓いたといえるでしょう。

一方、国立遺伝学研究所の平田たつみは、ニワトリ終脳背側の神経幹細胞であっても、ひとたび脳から取り出して培養条件下に置けば、哺乳類と同じように、早生まれの深層型と遅生まれの浅層型の両方のタイプのニューロンを時間差で生み出し始めることを見出しました。このことは、ニワトリの神経幹細胞も哺乳類型の発生プログラムを発動できる可能性を示しています。

平田は、哺乳類の大脳皮質において複数の種類のニューロンが生み出される発生プログラムは、哺乳類と鳥類の共通祖先の段階、すなわち大脳新皮質「層構造」が誕生するより以前から、存在していたのではないかと考えています。さらに言えば、鳥類外套では哺乳類型のプログラムが発動しないようなしくみがあることによって、両者で異なる脳が作り出されると言えるでしょう。

以上のように、発生過程の途中までは、哺乳類も鳥類も共通のプログラムに従って5脳胞の基本構造が作られますが、その後、哺乳類の終脳背側では「お母さん細胞」の使われ方が異なることによって、鳥類には見られない6層構造を大脳新皮質として形成するのです。

第13章 霊長類の脳、ヒトの脳

前章まで、進化的な意味での脳の誕生に関して、ごく簡単なつくりの神経系から始まり、分子レベルでニューロンの起源までさかのぼった後に、脊椎動物の脳の違いを発生の観点から見渡しました。ある段階までは、脊椎動物共通のフレームワークにのっとって脳が形成されていきますが、その後の発生過程ではそれぞれの種に特有のプログラムに従うことにより、多様性に富んだ脳が作られます。では、哺乳類の中でもより高度な神経機能を持つと考えられる霊長類、とくにヒトの脳は、どのようにして獲得されたのでしょうか？ いよいよ、私たちヒトの脳がどのように進化したかについてお話しします。

†霊長類の祖先をさかのぼると

非ヒト霊長類、つまり、サルやチンパンジーの特徴は何でしょう？ 手足の親指の位置が残りの4本の指と相対するようになっていて、木にぶら下がったりしやすいことは、樹上生活を営むのに好都合だったことでしょう。両方の眼が顔の正面を向いているというのも、他の主な哺乳類とはずいぶん異なりますよね。

このような特徴のある霊長類ですが、進化の枝はどこで分かれたかというと、およそ1億年前、小型哺乳類から独自の道に進んだと考えられています。つまり、私たちの祖先はかつて、ネズミのような動物だったのです。

現在、地球上に存在している霊長類にもっとも近いとされる哺乳類の化石で最古のものは、約6500万年前に見つかっています。DNAの変異をもとにした推定では、現生の霊長類の共通祖先は約8100万年前にさかのぼると考えられるので、もしかすると今後、より古い時代の原始霊長類の化石が見つかる可能性はあるでしょう。

ヒトからもっとも遠い霊長類は、現生のものでいえば、いわゆる「原猿類」と呼ばれるキツネザルなどの仲間です。ヒトにより近い「類人猿」は、約3000万年前に分岐し、ヒトは類人猿であるチンパンジーやボノボから約700万年前に分かれたとされています。

†霊長類の脳はネズミの脳とどこが違うのか？――視覚の発達

例えば、サルの脳とマウスの脳を比べてみましょう。一見して分かるのは、まず大きさの違いです。サルの脳はアボカドくらいの大きさですが、マウスの脳は前後の長さがヒトの親指の爪程度です。また、サルの脳では他の哺乳類よりもはるかに大脳新皮質部分の割合が多くなり、表面の皺が認められます（ただし、マーモセットのような新世界ザルは、体の大きさがリスくらいで小さく、大脳新皮質には皺があまりなく、つるっとしています）。

前述のように、私たちの祖先の哺乳類は夜行性だったので、外部センサーとしては視覚よりも嗅覚が重要でした。そのため、脳の前端に形成される嗅球が発達し、大脳皮質の中でも嗅覚の情報処理を行う嗅皮質の割合が非常に大きくなっています。これに対し、霊長類は昼行性であり、視覚情報が重要です。ネズミの嗅皮質は大脳皮質の60％にも達するのに対して、霊長類ではたかだか数％、類人猿に至っては1％以下と見積もられています。

逆に、サルで発達しているのが視覚野です。前述のように、霊長類の眼は顔の正面に位置しており（鳥類でもフクロウなどはそうですが）、樹上で生活する上で、敵や味方の存在を遠くまで見通すのに、視覚の発達が大きな役割を果たしたことは想像に難くありません。

遺伝子レベルでも霊長類は視覚に関して、他の哺乳類と大きな違いがあります。第10章で触れた光を感知するのに働く光感受性物質オプシンを規定する遺伝子は、原索動物であるホヤでは1種類です。ホヤは「眼点」という点状の構造で光を感じるだけで、まだ「視覚」と呼べるものはありません。

脊椎動物に至る過程において、オプシン遺伝子には2回の重複変異が生じたと考えられ、基本的に脊椎動物では4種類のオプシン遺伝子が存在します（いつ大規模な遺伝子重複が生じたのかは、進化生物学者の間でも大きな論争なので、ここでは割愛します）。ところが、哺乳類になって一旦、その数が減りました。このことは前述のように、哺乳類が夜行性であったことによる環境への適応と考えられています。

この一旦失われたオプシン遺伝子が、私たちの祖先に近い旧世界ザルになってまた増えているのです。遺伝子の比較から、再度、オプシン遺伝子が重複し、その際に生じた変異により赤オプシンを作る遺伝子が生じたと予測されています。新たにできた赤オプシンのタンパク質は、赤色から橙色にかけての色に反応する特徴があります。これは、サルが赤く熟れた食べ頃の果実を見分けるのに都合が良かったと考えられます。つまり、赤オプシン遺伝子の進化は食物摂取と関係していて、赤オプシンを持つことが生存競争の上で適応的であったという訳です。

また、これはあくまで想像にすぎませんが、視覚の発達は表情の発達とともに「共進化」した可能性があります。進化について自然選択説を唱えたチャールズ・ダーウィンの、もう一冊の有名な著書『人及び動物の表情について』（浜中浜太郎訳、岩波文庫）で取り上げられているように、サルの表情を人間が見れば、敵に対して怒っているか、餌をもらって嬉しそうかは判断できます。人間がサルの気持ちを汲むことができる（かもしれない）

ことも興味深いですが、表情を作り出すことができるハードウエアとしての「表情筋」の発達が、霊長類では他の哺乳類よりも進んでいます。この表情の発達は、このあと述べる社会性の発達にも大きく関係します。

ちなみに、サルは視覚が優れていることから、脳科学分野では視覚の認知機構や情報処理についての研究が進みました。網膜に2種類の視細胞が存在することが同定されたのは19世紀の後半で、この頃の脳科学の知見が絵画の分野において印象派を生み出すのに間接的に関わったと思われます。

†霊長類の「社会脳仮説」

先に、カンブリア紀の大爆発の頃、視覚を有する生き物が生じたことによって、捕食者と被食者の間の競合によって進化が加速したのではないか、というパーカーの仮説を紹介しました。霊長類の場合にも、世界を認知する手段が嗅覚から視覚へシフトしたことにより、さらにその生活様式に変化が生じたと考えられます。それは、社会性の複雑化です。

ハダカデバネズミには、女王、王様、兵隊、働きネズミ、という階級があることが分かっていますが（詳しくは吉田重人・岡ノ谷一夫共著『ハダカデバネズミ――女王・兵隊・ふとん係』〈岩波科学ライブラリー〉をご参照ください）、多くの非霊長類にはそのような複雑な階級は認められません。哺乳類は哺乳する生物なので、母と仔は授乳期の間は基本的に一緒に生活しますが、父親の関与は限定的です。

ところが、哺乳類の中でも霊長類には、明確な社会的序列があることが知られています。順位の高い者ほど一番先に餌にありつけ、交配回数も多くなります。このように、集団の中でより上位になるための競争があることによって、さらに神経機能が発達したのではないかと考える研究者もいます。

ゴリラやチンパンジーの社会では、雄の間にも雌の間にもそれぞれ順位があって、順位の高い者がより多く繁殖の機会を得ることができます。一方で、雌が順位の高い雄の目を盗んでこっそり順位の低い雄と交尾したり、順位の高い雄が順位の低い雄に対して雌との交尾を見逃してやったりすることも観察されています。

つまり、霊長類の個体は自分の所属する集団の中での位置関係を認識し、自分の行動が他者からどのように見られているのかを意識し、そのことによって相手を騙《だま》すこともできるのです。このような社会性の発達は、先に述べた視覚の発達なしには難しかったであろうと想像できます。

このことから、オックスフォード大学のロビン・ダンバーは、霊長類の複雑な社会性が脳の進化を加速したのではないか、という「社会脳仮説」を提唱しています。ダンバーは、

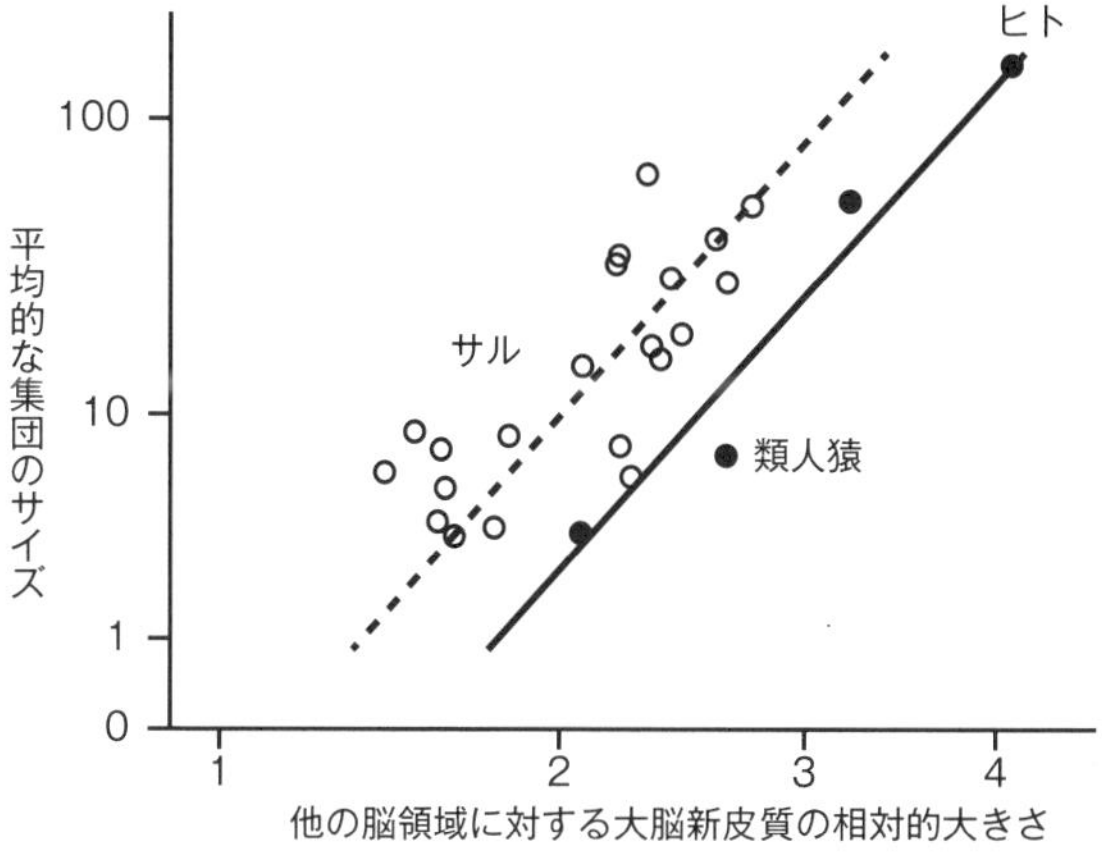

図13-1：ダンバーの社会脳仮説。種々の動物において脳の大きさの増加と集団のサイズは比例して大きくなり、推定されるヒトの集団サイズは約150となる

霊長類の行動を専門とする進化生物学者ですが、さまざまな霊長類の形成する社会集団の大きさ（個体数で表す）と、脳の中での大脳新皮質の割合を調べました。すると、社会集団のサイズが大きいほど、新皮質の割合が大きいことが分かりました（図13－1）。他の研究者も、他者を欺《あざむ》く回数などの行動レベルの指標と新皮質の割合との相関性を認めています。

ちなみに、バルセロナ自由大学のダニエル・ソルは、本来とは異なる生態系に偶然連れて来られた哺乳類が、種によって繁栄するのか絶滅するのかを調べました。その結果、大きな脳を持った哺乳類は生き残り、小さな脳を持った種は死に絶えやすい傾向を見出しています。新たな環境において柔軟に適応するためには大きな脳が有利に働いたものと想像されます。

霊長類の脳の進化に影響したのは社会性だけではなく、このあと述べる道具使用なども重要な点です。ともあれ、大きな脳が重要だとするなら、脳の進化の観点からは「小顔」や「八頭身美人」が良いとは言えないかもしれません。

道具使用から見える脳の進化

動物園に行けば、パンダが座ってササを食べるときに手を使うのを見ることができるでしょう。ＹｏｕＴｕｂｅにはマウスが立ち上がって両手で餌をつかんで囓《かじ》っている動画も多数公開されています（けっこう可愛い姿です！）。しかしながら、「道具」を使いこなせる動物は地球上でかなり限られています。

非ヒト霊長類であるチンパンジーともなると、平たい石の上に殻に入った胡桃《くるみ》を載せ、手に持った別の石を打ち下ろして殻を割って中身を食べることができます。あるいは、適当な樹の枝を用いて昆虫を捕らえることもあります。オランウータンも、身の回りにある小枝の皮を剝いてアリの巣に突っ込んで、小枝にくっついたアリを食べます。つまり、目的に合わせて道具を作ることもできるのです。

これは、かなりハイレベルの神経機能に基づいています。小枝を道具として使用するオランウータンは、アリの巣に合わせたサイズにするために、手元にある小枝がやや太ければ、その皮を剝けばよいと想像でき、そうやってアリを捕らえられれば御馳走にありつけるということを理解し、意志を持って行動している訳です。

石で胡桃の殻を割るチンパンジーは、そのやり方を生まれたときから知っている訳ではありません。世界的なチンパンジー研究者である松沢哲郎（京都大学特別教授）らの観察によれば、子どものチンパンジーは大人のチンパンジーが上手く割っている様子をじっと見て、自分でも何度も行って失敗を繰り返しつつ、その手順やコツを模倣し、習得していきます。つまり、生得的にインストールされた遺伝的プログラムに基づいているのではなく、後天的な学習によって、生存に適した対応方法を身につけるのです。この方が、より多様な環境に適応可能であることは言うまでもありません。

ただし、間違えないで頂きたいのですが、動物（ヒトを含む）が何かを学習する上で、遺伝子が働いていないということはありません。学習を成り立たせる基盤である「記憶」という脳内プロセスでは、新たにシナプス結合が強化され、活動した特定のシナプスに分子が輸送されることが知られています。これを「シナプス・タグ」と言いますが、このような場合にも遺伝子は使われています。興味のある方は、前述の井ノ口馨（富山大学）の著書『記憶をあやつる』（角川選書）などをお読みください。

よく「遺伝子は体の設計図である」と言われますが、遺伝子は発生の過程でだけ使われるのではありません。重要なので繰り返しますが、私たちが日々の生活を営むときにも、黙々と遺伝子たちが働いているのです。

いずれにせよ、チンパンジーで見られる「模倣する」という特徴は、共通の祖先からさらにヒトが進化する上でも重要であったことは確かです。模倣が可能であったが故に、我々は言葉を獲得できたとも考えられています。

†改めて進化的に見たヒトの脳

では、いよいよチンパンジーと共通の祖先からヒトが分かれた700万年前以降のお話に移ります。当時の人類がどのような生活をしていたのかについては、化石を元にした想像の部分が大きいのですが、ゲノムに刻まれた進化の歴史も物質的な証拠といえます。

ヒトの脳の進化を考える場合、前述しましたが残念ながら脳そのものは軟組織なので、化石には残っていません。しかしながら、頭蓋の骨が残っていれば、その内側の容積を測定することが可能であり、これは脳の大きさに近いといってよいでしょう。筆者は人類学の専門家ではないので、細かい話は省きますが、ざっくりと化石が見つかった年代と、推定される脳容積の関係を図に表してみます（図13－2）。

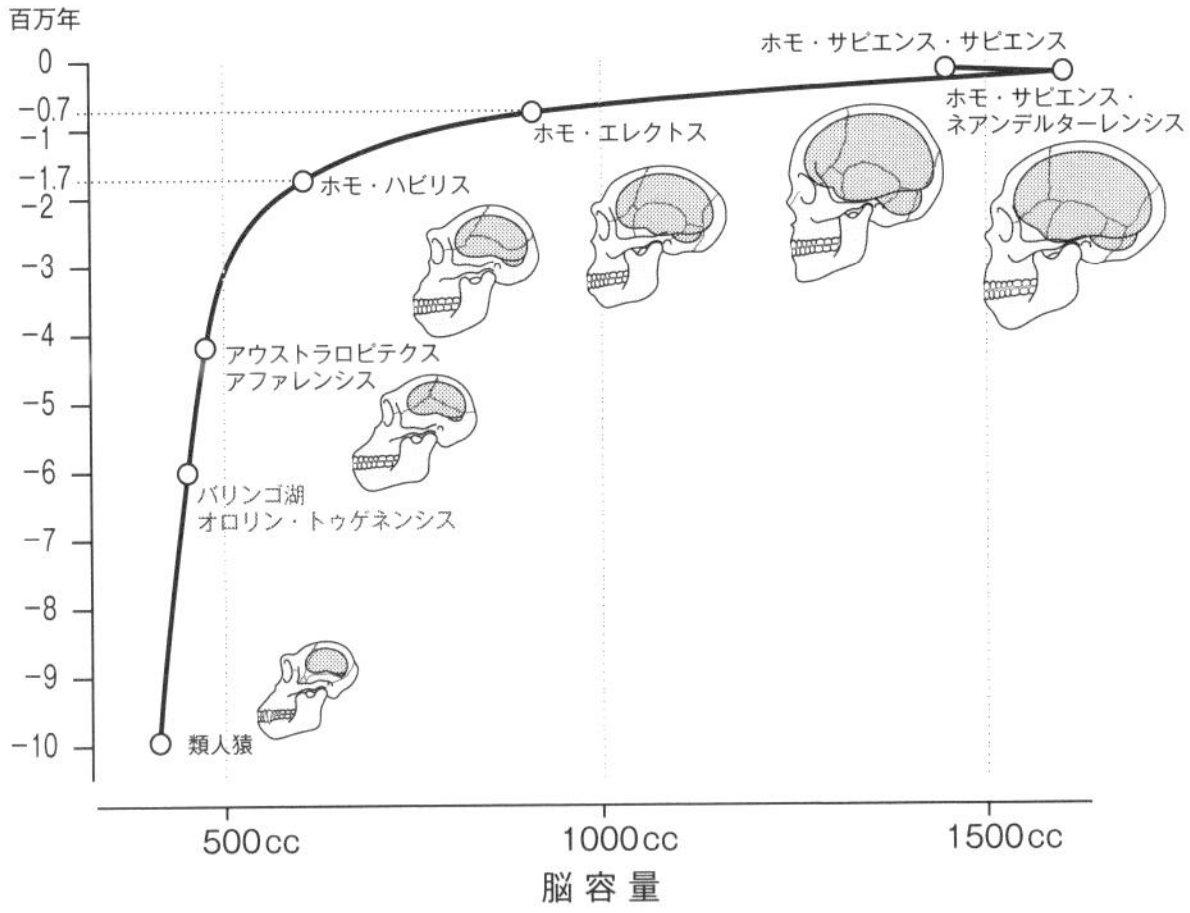

図13-２：類人猿から現生人類までの脳の大きさの変化

約４２０万年前に生存していたアウストラロピテクス類の骨はアフリカ各所で多数見つかっていて、脳の容積は約３００ccから４００ccですが、より現生人類に近いホモ・ハビリスでは６００cc程度、そしてホモ・エレクトスになると１０００cc弱と、急激に増加したと考えられます。現生人類の脳は約１４００ccです。いわゆるネアンデルタール人、すなわち、ホモ・サピエンス・ネアンデルターレンシスは現生人類より大きい約１６００ccの脳があったと推定されています。ただし、現生人類はネアンデルタール人から進化したのではなく、同様にアウストラロピテクスとホモ属の関係も直接の系譜上にあるとはいえないので、このように各点を線で繋ぐのは科学的には本当はよろしくありません。

ともあれ、図13－2を見ると、類人猿からアウストラロピテクスまでの点で結ばれる線と、アウストラロピテクス、ホモ・ハビリス、ホモ・エレクトス、ホモ・サピエンスの点が示す線とは傾きが大きく違うことがわかりますね。この他、化石の骨から推定される体重との比較など、さまざまなデータより、約250万年前頃に、確かにヒト型脳へ至る分岐として大きなイベントがあったことは間違いありません。

†二足歩行と脳の進化

従来、ヒトが他の動物と大きく異なる特徴として、言語の使用、道具使用、二足歩行という3つが象徴的に取り上げられてきました。言語の使用については本章の最後で詳しく扱います。道具使用については、ヒト以外の霊長類でも限定的ではあれ認められるということを先に述べました。では二足歩行についてはどうでしょうか？

霊長類は齧歯《げっし》類と共通の祖先から分かれたとお話ししました。確かにマウスも、後ろ足で起立して、前足で食べ物をつかんで囓る姿が頻繁に認められますが、自発的に後ろ足で歩くことはできません。木から木へとぶら下がりながら移動するテナガザルは、前足、後ろ足と呼ぶよりは手足と呼べるものになっていますが、歩くときは四足のようです。ゴリラやチンパンジーなどは「ナックル・ウォーク」といって、手を丸めて手の甲の側を地面に当てつつ移動する歩き方をしますが、二足歩行とはだいぶ異なります。

化石の研究から、約420万年前のアウストラロピテクスは、その大腿骨や骨盤の形状や、それらを繋ぐ関節の状態から、二足歩行していたであろうと推測されています。約170万年前のホモ・ハビリスも同様です。しかしながら、両者の間、約250万年の間は、脳の容積はたかだか2倍程度にしか増加していません。急激に脳容積が増加するのは、ホモ・ハビリスから約70万年前のホモ・エレクトスに至る間なのです。

したがって、「ヒトは二足歩行をするようになったことで、大きな脳を支えることができ、それによって知能が発達し、さらに手が自由になることによって道具を使えるようになった」という進化の説明は正しくないと思われます。実際に、それほど大きな脳を持たなかったホモ・ハビリスの化石に付随して、簡単な石器が見つかっているので、二足歩行をしたこと自体がヒトの脳の大型化をもたらした原因ではないと思われます。

石器の使用により何が変わったか?

ホモ・ハビリスたちは何のために石器を使ったのでしょうか? ホモ・ハビリスの骨が見つかった遺跡では、石器とともに動物の骨も出土しています。このような動物の骨には、肉を切り取ったと思われる痕跡（カット・マーク）が付いていることから、石器は動物の肉を食べるのに使われたと思われます。さらに、石器により骨を砕くことができれば、その中の骨髄も御馳走だったに違いありません。なぜなら、骨髄の中には栄養価の高い脂質もたっぷり入っているからです。

ホモ・ハビリスたちが、積極的な意味での「狩猟」をしていたのか、それとも、他の肉食動物が食べ残した後におこぼれを頂戴していたのかについては、議論が分かれています。あるいは、獲物を仕留めた肉食動物を追い散らして、その獲物を横取りしたのではないか、という説もあります。いずれにせよ、少なくとも石器を手にしたホモ・ハビリスの摂取する栄養は、葉っぱや木の実を主食としていた霊長類とは大きく異なっていたことは間違いありません。

体重100キログラムを超えるジャイアント・パンダは哺乳類ネコ目で、本来肉食だったはずなのですが、現在はササを主食としています。なんと、1日に10キログラムものササを食べないと生きていけません。自然界に棲むジャイアント・パンダは、1日のうち12時間もの時間、ササを探し、それを食べることに費やすのです。

これに対して、ホモ・ハビリスたちが肉や骨髄を食べることを覚えたのは、エネルギー摂取や栄養素摂取の面で大きなメリットがあったためと考えられます。肉には、体を構成したり、各種神経伝達物質の元になるタンパク質が豊富です。骨髄にたっぷり含まれる脂質は、グラムあたりのカロリーが糖質の2倍以上あります。さらに前述のように高度不飽和脂肪酸やコレステロールは、細胞膜の成分としても重要であり、髄鞘《ずいしょう》形成のための材料として必須です（第1章参照）。髄鞘がうまく形成されることによって、神経伝達が速くなり、そのような高速処理が複雑な神経活動を担保するものであることは間違いありません。しかも、髄鞘は「代謝回転」しているので、日常的に脂質を摂取してメンテナンスする必要があるのです。

　また、あくまで推測の域を出ませんが、栄養摂取にかかる時間が少なければ、生活時間を他の活動に充てることが可能になります。気候の良い南方の地域では食料も豊富であり、この地域に生息する鳥類の雄には、求愛のためのダンスをしたり、珍しいものを集めた巣（東屋）を作って雌にみせびらかしたりするものがあります。求愛ダンスや東屋を文化と呼べるかどうかは分かりませんが、生存に必須なもの以外の活動様式が生まれるためには、食料が足りていることが必須です。求愛ダンスや東屋作りは、食物を求めて渡りをする鳥には見られない習性です。

　石器も、最古の２６０万年前から１５０万年前頃のものでは、単に石が偶然に割れただけのようなものもありますが（オルドワン石器）、約１４０万年前頃になると、左右対称に整った美しいものが作られるようになります（アシュール文化のハンド・アックス）。

もしかすると、美しい石器を作ることができるホモ属の雄（男性）は、雌（女性）に大人気で、そのようなスキルを備えた子孫が現生人類に繋がったのかもしれません。いずれにせよ、石器を作るには種々の手順の記憶や、創造的な意志が必要であり、石器を作ることによって、さまざまな側面から人類の進化が加速したことはほぼ間違いないといえるでしょう。

言葉はいつ生まれたか？

人間を人間たらしめている特徴の一つは「言語」を操ることでしょう。脳が化石に残らないのと同様に、言語がいつ頃に生じたのかを推測するのはかなり困難なことです。しかしながら、科学者たちはこのような問題にもチャレンジしています。

言語機能に関わる脳部位についての研究は、最初は、脳卒中などの後に言葉を話せなくなってしまった方の脳を死後に解剖し、どの部分が損傷を受けているかを見て推測していました。

近年になり、脳を開けて見なくてもその中の様子が分かる脳画像技術の発達により、言語機能に関わる脳部位がよりはっきりと明らかになってきました。とくに、米国のベル研究所にいた小川誠二（現東北福祉大学特任教授）により開発された機能的ＭＲＩ（ｆＭＲＩ）といわれる技術は、脳のどこの部分が活動しているのかを、脳血流量の変化に基づいて推測するもので、このような研究に適しています。

古典的には、ブローカ野およびウェルニッケ野と呼ばれる、左側シルビウス溝付近の前頭葉と側頭葉の一部が言語中枢として重要であろうと考えられてきました。ブローカ野は発話に、ウェルニッケ野は言語の理解にそれぞれ関わるとされています。現在では、さらに中心溝付近の運動野にも言語の補足野があるのではないかという見解もあります。

さて、脳自体は化石にはなりませんが、化石となった頭蓋は容積を推定できるだけでなく、脳の表面の様子を知る手がかりにもなります。フロリダ州立大学のディーン・フォークは、化石になった頭蓋を鋳型として脳の表面の形状を推測しました。すると、ホモ・ハビリスの脳にはブローカ野の膨らみがあるのですが、アウストラロピテクスにはないことが分かりました。フォークは、ホモ・ハビリスが言語を持っていた可能性があると主張しています。

一方、ロンドン・レーハンプトン研究所のアン・マクラーノンは、ホモ・ハビリスに近い「トゥルカナ・ボーイ」と名づけられた子どもの化石の骨を調べました。注目したのは頸椎《けいつい》という背骨の一部です。背骨の中には脊髄が収められていますが、上下の脊椎骨の間に左右両側に伸びる脊髄神経の枝が通る穴があります。この「椎間孔《ついかんこう》」と呼ばれる穴が、トゥルカナ・ボーイでは現生人類のものよりも小さかったのです。

発話のためには、舌や口唇を動かすだけでなく、声帯を振動させたり呼吸を調節したりする必要があり、脊髄神経の一部は、このような運動の制御に関わります。したがって、トゥルカナ・ボーイはうまく言葉を操るほどには神経系が発達していなかったのではないか、とマクラーノンは推測しました。

では、さらに現生人類に近いと思われるホモ属ではどうでしょうか？　テルアビブ大学のバルチ・アレンスバーグは、イスラエルの洞窟で見つかったネアンデルタール人の骨格を調べ、椎間孔の大きさはホモ・サピエンスと同程度であることを見出しました。さらに、この骨格には「舌骨《ぜっこつ》」と呼ばれる小さな骨が残っていました。舌骨は下顎と咽頭の間に位置するU字形の骨で、どの骨とも関節で繋がることなく靭帯によって側頭骨の下に吊り下がっています。舌骨には舌の筋肉が付着し、発話にとって重要と考えられます。この骨がホモ・サピエンスと似ていたことも、ネアンデルタール人が言葉を発していた可能性を示唆します。

ちなみに、ネアンデルタール人の使っていた石器は、アシュール文化のハンド・アックスよりもさらに高度な作り方であったことが推測されています。

したがって、約3万年前頃まで存在していたと推定されるネアンデルタール人は、それなりに高度な文化を備えるくらいに発達した脳を持ち、言語を持っていたのではないかと思われるのです。

✝化石に閉じ込められたDNAを調べる

マイケル・クライトン原作、スティーブン・スピルバーグ監督の映画『ジュラシック・パーク』は、絶滅した恐竜を復活させるプロジェクトから話が始まります。恐竜の遺伝子を得るのに用いられたのは、琥珀の中に閉じ込められた蚊でした。かつて恐竜の血を吸ったであろう、琥珀の中の蚊からDNAを抽出して、その中に含まれる恐竜のDNAをカエルの卵の中に注入することによって、恐竜を蘇らせようとしたのでした。

『ジュラシック・パーク』はSFですが、恐竜の遺伝情報に着目したという点は慧眼といえます。その原作は1990年に出版されましたが、ドイツの進化遺伝学者であるスヴァンテ・ペーボは、ネアンデルタール人のゲノムを調べるという、さらに画期的なプロジェクトにチャレンジしました。

ペーボは、生理活性物質プロスタグランジンの発見者で1982年にノーベル生理学医学賞を受賞したスネ・ベリストロームを父とし、現在はライプツィヒにあるマックス・プランク進化人類学研究所で遺伝学部門のディレクターをしています。以前にこの研究所を訪問したところ、向かい側にはドイツ国立図書館が位置するというアカデミックな環境にあり、優秀な若い研究員や学生が集まるペーボの研究室には、落ち着いた中にもクリエイティブな雰囲気が漂っていました。

さて、ネアンデルタール人のゲノム解読の原理自体は単純です。ネアンデルタール人の化石からDNAを抽出して、その塩基配列、すなわち遺伝情報を調べるのです。遺伝学者にとっては当たり前のことですが、化石の専門家から見たら「貴重な化石を擂《す》り潰すなんてとんでもない!」と思われたことでしょう。あるいは、DNAのような有機物質が何万年もの間変わらずに保存されているのだろうか、という疑問もわきます。

しかしながら、タンパク質や脂質と違って、DNAは比較的、熱などには安定な物質です(だからこそ、DNAに遺伝情報を託した生物が現在でも生き残っている訳です)。また、ペーボはそれ以前に、ミイラや絶滅哺乳類からDNAを取り出すことにも成功していました。ともあれ、ペーボは、1856年に発見されたネアンデルタール人から得たDNAをもとに、そのゲノム解読の最初の報告を、1997年に「セル」誌に発表したのです。

ペーボは当時、ゲノムDNA全体は解析するには複雑すぎるので、ミトコンドリアDNAに着目しました。ミトコンドリアは細胞の中でエネルギー産生に働きますが、独自のD

NAを持っていることが知られています。

ペーボのチームが行った解析の結果により、ネアンデルタール人のミトコンドリアDNAから得られた塩基配列は現生人類のものとはかなり隔たっていることが分かりました。つまり、約5万年前、ネアンデルタール人と人類は共存していましたが、直接の進化的繋がりはないと結論付けられたのです。

ペーボのチームはその後も、ネアンデルタール人や、さらに別の新規のホモ属（デニソワ人）の化石についてもゲノム解析を進めました。その後の核DNAを用いた解析により現在、ペーボはネアンデルタール人と現生人類の間での交雑があったのではないかと推測しています（『ネアンデルタール人は私たちと交配した』という著書を出しています）。数年後には、さらに全体像が分かるに違いありません。ペーボはこのような功績により、2016年に慶應医学賞を受賞しました。

†言語の遺伝子を追跡する

ペーボらが行った研究でもう一つ興味深いことがあります。それは「言語の遺伝子」として注目されている*FOXP2*という遺伝子の「分子進化」です。この遺伝子は、言語機能に異常のあるスコットランドの家系の遺伝学的解析から発見されました。

ペーボらは*FOXP2*の塩基配列を、ヒト、チンパンジー、ゴリラ、オランウータン、アカゲザルおよびマウスで比較し、*FOXP2*遺伝子がヒトにおいて大きく変化していることを見出しました。

また、この「ヒト型」のFOXP2タンパク質を作る遺伝子を培養ニューロンに導入すると、その突起が長くなるという実験結果から、*FOXP2*遺伝子がヒト型に進化したことが、ヒトの脳で重要な働きをしたに違いないと考えています。長い軸索は効率の良い神経機能に必須です。FOXP2は大脳新皮質の第Ⅵ層や基底核領域のニューロンで発現していることから、長い軸索による投射が可能になることにより、運動系の精緻な制御に関わった可能性があると思われます。

さらに、ペーボはネアンデルタール人の*FOXP2*遺伝子も調べ、タンパク質を規定しているコード領域ではなく、成熟mRNAが形成される際に除かれる「イントロン」と呼ばれる領域での塩基配列の違いが、ヒト脳に特有な*FOXP2*遺伝子の働き方に繋がったのではないかとして着目しています。

つまり、第11章で紹介した鎌状赤血球症の遺伝子変異のように、タンパク質が変化することではなく、遺伝子の情報が「いつ・どこで」使われるかの違いが、ヒト脳らしさをもたらしたというケースも大いにありそうです。また、この後すぐ述べるように、ゲノム領域にはタンパク質を作らない情報も書き込まれています。

†ヒトとチンパンジーの遺伝的差異

ヒトの遺伝情報を明らかにすることを目的としたヒトゲノム計画は、1990年から開始され、ワトソンとクリックによるDNA二重らせんモデルの論文が出てからちょうど半世紀後の2003年に完成しました。チンパンジーのゲノム解読は、少し遅れて2005年に終了しました。両者を比べてみると、ヒトとチンパンジーのゲノムはほぼ99%同じという結果になりました。ヒトの全ゲノムの30億文字で書かれた情報のうち、違っていたのはわずか3500万文字だけだったという訳です。

しかしながら、大事なのはヒトとチンパンジーのゲノムの「どこがどのように違っていたか」です。

カリフォルニア大学サンタ・クルーズ校のデイヴィッド・ハースラーは、進化の過程で変化の早かった遺伝子配列を明らかにするというコンピュータ・プログラムを構築することにより、このような配列として「ヒト加速領域1」(human accelerated region 1, *HAR1*) という領域を見つけました。この *HAR1* という塩基配列自体は、ヒト、チンパンジー、マウス、ラット、ニワトリに存在することが分かり、その分子進化が加速していることに意味があると考えられました。例えば、ニワトリとチンパンジーの*HAR1*は約3億年前に分岐しましたが、１１８塩基中2塩基しか違いません。これに対し、かなり最近になって（約７００万年前）分岐したヒトとチンパンジーでは、18塩基も異なるのです。

さらに、ブリュッセル大学のピエール・ヴァンダーヘーゲンとの共同研究により、*HAR1*の発現が前述のカハール・レチウス細胞という特殊なニューロン（第5章）に認められることが分かりました。*HAR1*の遺伝子産物は実はタンパク質を規定しておらず、「ノンコーディングＲＮＡ」と呼ばれる分子に属します。つまり、*HAR1*の遺伝子座からはＲＮＡは作られるのですが、タンパク質に翻訳はされません。

前述の野村真の研究成果も含め、このカハール・レチウス細胞は大脳皮質構築に重要であることが知られていますので、ゲノムの*HAR1*領域がヒト型に進化したことが、ヒトの脳をヒトらしくするのに役立った可能性が考えられます。これらの結果はまとめて２００６年に「ネイチャー」誌に報告されました。

このようなヒトで分子進化が加速した塩基配列は*HAR1*や*FOXP2*の他にもあり、さらにタンパク質をコードしないものも多数あると考えられています。ヒトの全ゲノムの中で、タンパク質の鋳型になっている部分は実はたった１・５％しかないのですが、それ以外の部分がどのような「遺伝情報」を担っているのか、今後の研究の展開が楽しみです。

それが、私たちの脳がどのように出来上がってきたのかを知るのに、きっと役立つことでしょう。

第14章 改めて発生的に見た脳の進化

本章では化石のデータから離れて、再度「脳の発生」という観点から「どのようにして大きなヒトの脳が誕生したのか」について考えてみたいと思います。つまり、脳の発生・発達のプログラムのどのような更新が、哺乳類、とくに霊長類の大脳新皮質の巨大化に繋がったのかを考察します。このような推察が可能になったのは、神経発生に関する知見やゲノムデータが蓄積したことにもよります。

†マウスに「脳の皺」を作った⁉

前述のように、マウスの脳の表面はつるんとしていて皺《しわ》がありません。マウスの脳を人工的に進化させせようと試みたハーバード大学のクリス・ウォルシュらは「マウスの脳に皺を作った」として2002年に「サイエンス」誌の表紙を飾りました（図14－1）。確かにその論文のマウスの脳の切片像は、ぱっと見、脳に皺があるように見えます。しかしながら、このマウスの脳の皺は、ヒトの脳に見られる本当の皺とは作られ方が違いました。

　脊椎動物の中枢神経系が「神経管」という管状の構造を元とすることはすでに述べました（図0－2、図2－2参照）。大きな脳を作るためには、まず、神経管の内側にある神経幹細胞の増殖層が広がる必要があります。この増殖層のことを「脳室帯」と呼びますが、ここが接線方向に広がる、つまり「横に伸びる」必要があるのです（図4－1参照）。もう一つの戦略は、いわば「縦に伸びる」ことです。ネズミの脳と霊長類の脳を比較すると、各層の「厚みが増している」ことが分かります（図14－2）。すなわち、霊長類の脳では神経管の断面で見ると放射状方向に、つまり「縦に伸びて厚みが増している」といえます。

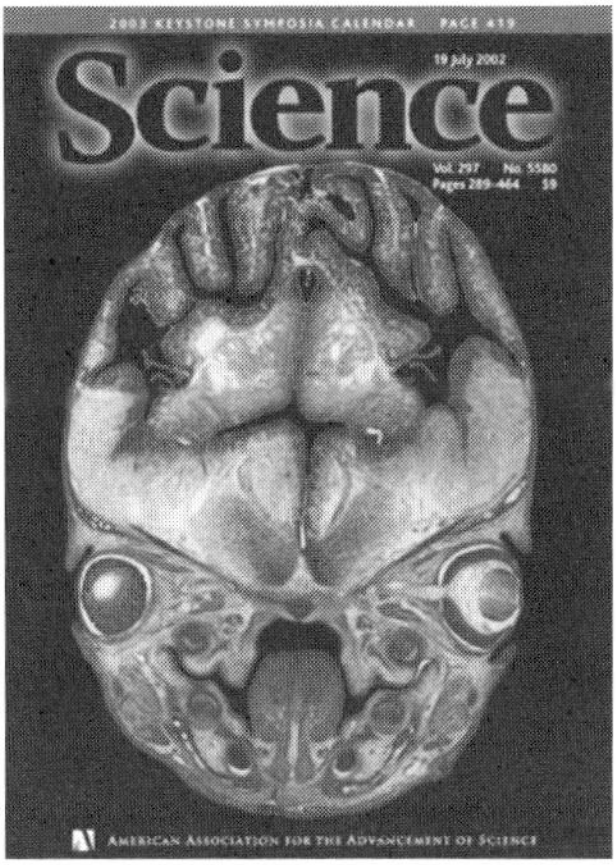

図14－1：ウォルシュによるマウス脳切片像

　実は、ウォルシュらの作ったマウスでは、脳室帯の神経幹細胞が非常に増殖することによって神経管が折り畳まれて皺ができていました。つまり、「横に伸びる」ことで皺ができていたのです。これは霊長類のようにニューロンの産生が膨大となって「縦

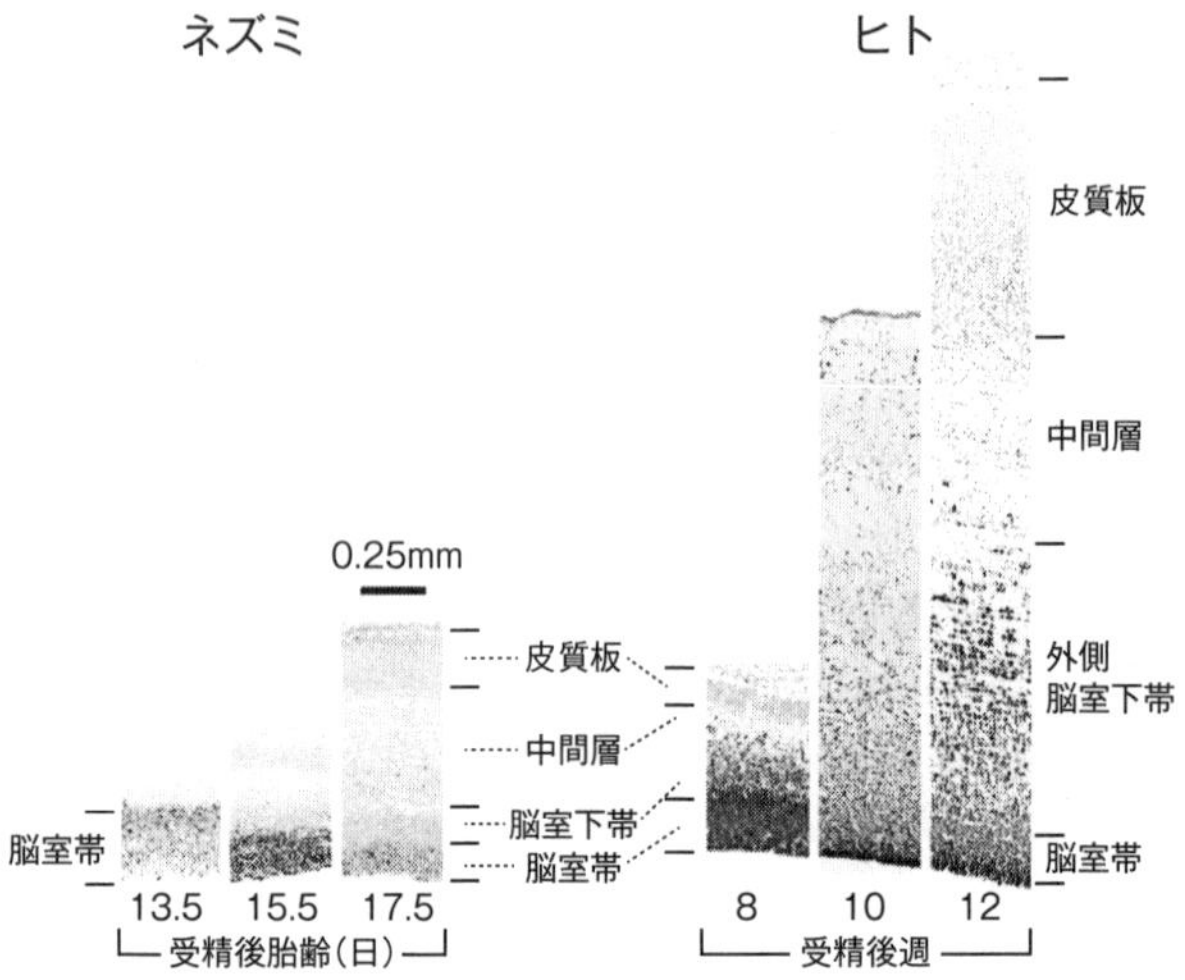

図14-2：ネズミとヒトの脳の厚みの差

の厚みが増す」こととは違います。霊長類の脳では「皮質板」に多数のニューロンが集積することによって、限られた頭蓋骨内で皺が作られるのです。

「第二の増殖帯」とは

発生期の霊長類の脳を詳しく観察すると、脳室帯の外側に外側脳室下帯と呼ばれる「第二の増殖帯」が発達していることが分かります。つまり、図14-3に示すように、より広い扇形のような構造が霊長類の大脳新皮質原基には認められるのです。

興味深いことに、この第二の増殖帯に存在する神経前駆細胞も、お母さん細胞として紹介した「放射状グリア」

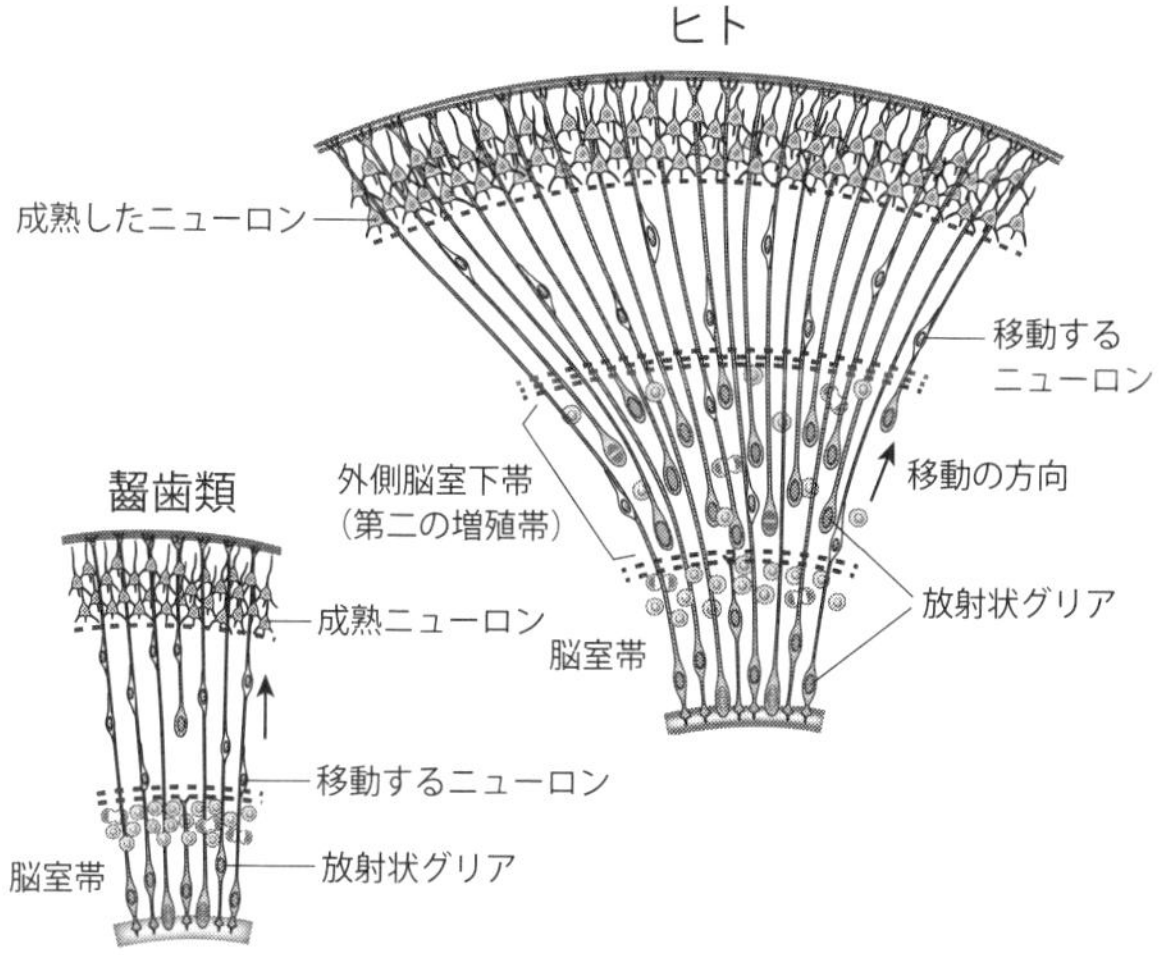

図14-3：齧歯類とヒトの皮質形成の模式図

と同様に、脳表面へ向かう長い突起構造を有しているので、「外側放射状グリア」という名前が付けられています。この長い突起は脳の表面から増殖のためのシグナルを受け取っています。つまり、「外側放射状グリア」もお母さん細胞としてニューロンの子どもたちを次々と生み出していくのです。

どのようにして、この第二の増殖帯が獲得されたのか、すなわち、どのようにして外側放射状グリアが生まれたのかについては、まだ大きな謎があります。筆者は、脳の発生の鍵因子であるPax6がこのような外側のお母さん細胞でも活躍していることに着目しています。つまり、*Pax6*という遺伝子の使われ方がどのように異なるのか、外側放射状グリアを持つ動物と持たない動物の脳とゲノム情報を比較することによって、その糸口が見つかるのではないかと推測しています。

†脳が2倍に膨らむには?

第I部の「発生」ステージで見た、哺乳類大脳新皮質構築の「インサイド・アウト」のメカニズムは（第5章）、ヒトの脳が大きくなるためにも必須の戦略でした。なぜなら、「後から生まれたニューロンが、早生まれのニューロンを通り越して上に位置する」ことによって、脳は限りなく外側に向けて大きくなることが可能になったと言えるからです。もし、外側から順に位置が決まってしまうと、内側にどんどんニューロンを足していくことには限界が生じますよね。ところが、「外側に、外側に」足していくのであれば、神経幹細胞から神経細胞を長時間産生すればするほど、大きな脳を構築することになるのです。つまり、神経細胞を産生する「時間」を制御することによって、どのくらいの大きさの脳を獲得するのかも決まってくる訳です。

したがって、ある時点で脳の容積が2倍になるには、神経幹細胞の段階であれ、放射状グリアの段階であれ、ニューロンを生み出す分裂回数が「全体で1回余分に増える」ことによって達成できるかもしれないと思えます。あるいは、ニューロンの産生期間がさらに

1回の細胞分裂分「延長する」ことによっても可能かもしれません。

いずれにせよ、ホモ・ハビリスからホモ・エレクトスへ、あるいはさらにホモ・サピエンスへ至る進化の過程において、ゲノム上では、脳の発生に関わるプログラムの書き換えは、そんなに多数生じなくても達成できたのではないかと想像できるのです。

浅い神経細胞ほど精緻な機能を担う

第5章で、哺乳類の大脳新皮質は典型的に6層構造をとっていることをお話ししました（図5－2参照）。さらに進化の観点を加えると、より後から生まれる、つまり遅生まれの浅層のニューロンの方が、高次な脳機能を営むための繊細な調節に必須の役者といえます。

大脳皮質の深い層に存在するニューロンは、視床や脳幹などへ神経軸索を投射するのに対して、浅層のニューロンは大脳皮質内、例えば左右の大脳半球の間の投射に関わります。つまり、進化の過程で脳が大きくなり、どんどんと脳の浅層にニューロンが加わる訳ですが、そのような浅層ニューロンほど、より精緻な神経機能の制御に関わっているのです。

さらに脳の進化の別のポイントとして、抑制性の介在ニューロンの種類や数が増加したことも重要と思われます。ヒトの大脳皮質では介在ニューロンと興奮性の投射ニューロンの割合は2：8と見積もられていますが、この2割の介在ニューロンによって残り8割の投射ニューロンの機能が細かく制御されているのです。今後、介在ニューロンの発生の分子メカニズムを理解することは、脳の進化の理解に繋がると考えられます。

†脳の進化とグリア細胞の意義

脳の進化の過程で、増えたのはニューロンだけではありません。グリア細胞の数も格段に増加しています。例えば、マウスではニューロンとグリア細胞の数の比は、ほぼ1：1なので、グリア細胞の数も同様に増加してきました。このようなグリア細胞の中でも、もっとも数の多いアストロサイトは、ニューロンと「三位一体」のシナプスを形成し、神経伝達に関わります。

これまで、アストロサイトはシナプス間隙に放出された神経伝達物質を吸い取ることによって、ニューロンの働きを助けていると考えられてきましたが、最近の研究では、アストロサイトからニューロンへの神経伝達もあるらしいことが分かってきました。例えば、東北大学の松井広らは第10章で述べた「オプトジェネティクス」の技術を駆使することにより、アストロサイトを特異的に刺激すると、神経伝達物質が放出され、ニューロンに刺激が伝達される結果、マウスの行動に変化が生じることを報告しました。

アストロサイトは進化の過程で、数が増えただけでなく、その形態の複雑性も増してい

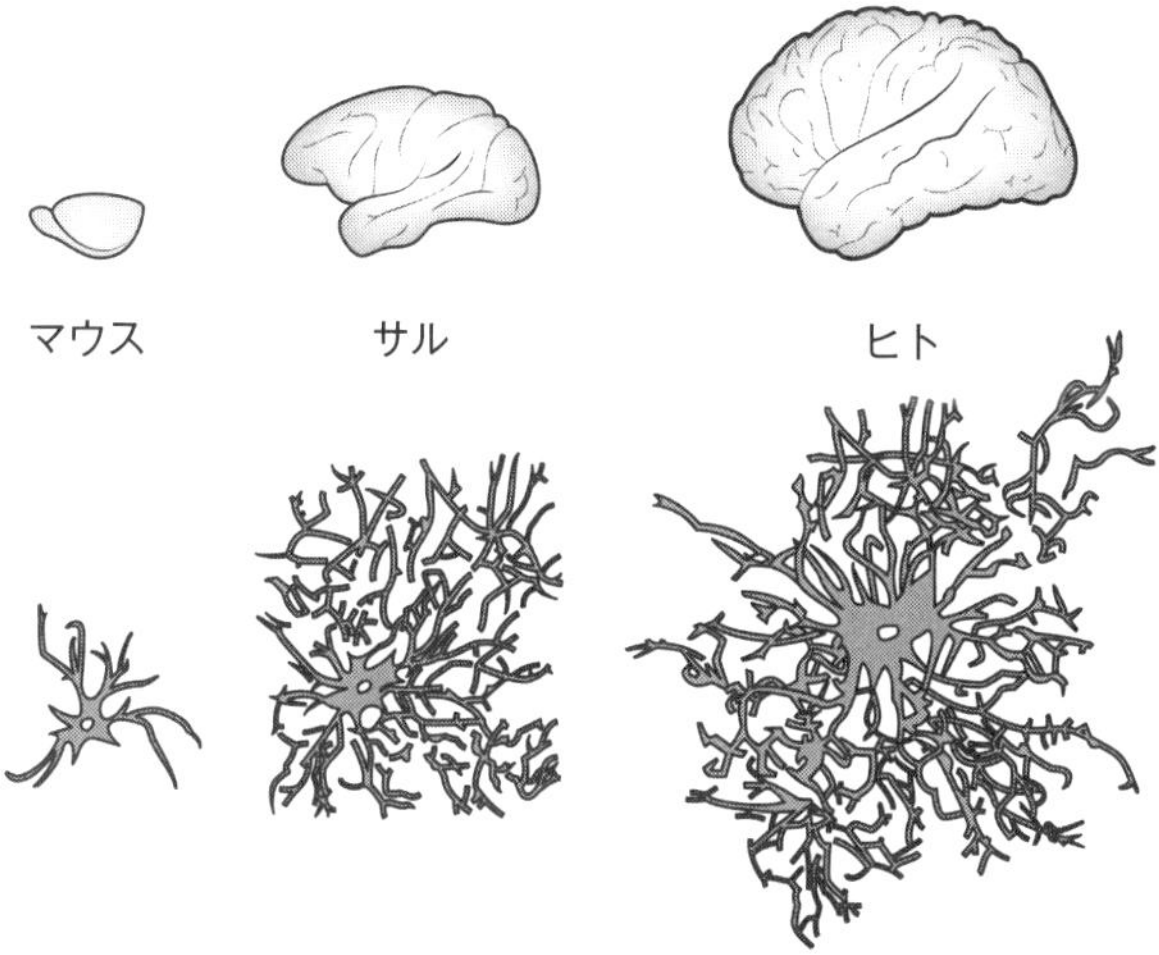

図14-4：マウス、サル、ヒトの脳の大きさ（上）とアストロサイトの形態（下）の違い

ます。図14-4はマウス、サル、ヒトの大脳皮質のアストロサイトの形態を示したものですが、アストロサイトの細胞突起がヒトでは非常に大きく複雑に張り出しているのが分かると思います。

このようなことが可能になるためには、細胞膜の産生が増加しなければならず、そのためには細胞膜を構成する脂質が大量に運ばれなければなりません。アストロサイトの進化の上で、脂質の合成や細胞内輸送に関わる分子たちがどのような役割を果たしたのか、非常に興味が持たれます。

ロチェスター大学のスティーブ・ゴールドマンは、てんかん発作を起こしやすい遺伝子変異マウスの小脳にグリア系の前駆細胞を移植することによって、髄鞘形成を改善し、てんかん症状の治療を行うというモデル実験を成功させました。さらに、野生型マウスの脳の中にヒトのグリア系前駆細胞を移植することによって、マウスを「賢く」することにもチャレンジしています。

つまり、進化にともなってグリア系細胞の数が増え、細胞の大きさも大きく形態も複雑になったことは、脳の大きさをさらに大きくするとともに、その機能も格段に向上させた可能性があると考えられるのです。

†脳の進化と再生力の低下

脳の進化はヒトにおいてきわめて高次な神経機能を営み、言語の獲得、芸術や科学の創造などに繋がりましたが、進化というのは、必ず良いことばかりとは言えません。いわゆる高等な（進化の過程で後から生まれた）動物ほど、その再生力は低下します。例えば、オタマジャクシの脳を切除しても、しばらくすると元通りになりますが、大人になったカエルでは、そこまでは再生できません。ヒトの脳の血管が詰まって梗塞《こうそく》が生じると、その部分のニューロンは死に、アストロサイトが増殖して、瘡蓋《かさぶた》のような瘢痕《はんこん》を作ってしまいます。

したがって、再生力の強い動物に学ぶという基礎研究も必要です。第10章で紹介したプラナリアは、小さな断片からでも体全体を再生できるほどの強い再生力があります。その理由は、体中にどんな細胞にもなれる幹細胞が散らばっているからです（プラナリアでは「ネオブラスト」と呼ばれています）。逆に、私たちの脳の中にある神経幹細胞が、なぜそこまでの再生力を発揮できないのか、むしろ、勝手に暴走しないようなしくみを発達させたのかもしれません。そのような幹細胞の周囲の環境を詳細に調べることが、将来の治療に繋がるブレイクスルーになると期待されます。

おわりに——脳の発生・発達・進化とこころの病

ここまで脳の発生・発達のしくみや、進化のプロセスについて紹介してきました。たくさんの部位の名前や遺伝子・分子の名前が出てきて混乱する面もあったかもしれません。専門書ではないので、極力、固有名詞は避けるようにしてきましたが、それでも、多数の遺伝子・分子が四次元空間で動き回って脳がつくられるというイメージを抱いて頂こうと、あえて残した部分もあります。

研究者は、そのような遺伝子・分子の働きを調べるために、「遺伝子ノックアウト」という手法を用います。時計の歯車を1つ取り去って、もし秒針が動かなくなったら、その歯車は秒針を動かすのに必要であると言えますね。それと同じように、遺伝子Xの働きを知るために、その遺伝子が働かない状態を作ってみる訳です。

ところが、そのように遺伝子Xのノックアウトマウスを作製しても、一見、何も起きないように見えることがあります。それは、遺伝子Xの働きが、別の似た遺伝子Yで補われているためと考えられます。実は、進化の過程で生じているのは、このように、バグが生じても簡単には破綻しない強靭な発生プログラムを作るということでした。

ただし、進化の過程でより高度で複雑な神経機能を営むために後から足されたプログラムには、そこまで強靭ではないものがありえます。とくに、脳の中で生じているニューロンやグリア細胞の精緻な働きの中には、そのようなものが多い可能性があります。

実際、統合失調症や自閉症のような精神疾患の責任遺伝子を調べてみると、「シナプス形成」や「軸索伸長」などに関わる遺伝子が多数見つかります。まだ機能がよく分かっていない遺伝子もたくさんあります。

研究者が遺伝子Xの働きを調べるには、2つでセットになっている遺伝子の両方とも欠失させて、完全に機能を失わせることが多いのですが、ヒトでそのような状態になることはほとんど稀です。他人同士のゲノムは約0・1%、つまり300万塩基対も異なるので、いとこ婚でもない限り、対になった遺伝子の両方が傷つくというケースは滅多にないのです。しかしながら、非常に多数の遺伝子産物が四次元で活躍しているので、そのうちのいくつかの働きが、それぞれちょっと悪いという状態はありえます。

第11章で紹介した鎌状赤血球症やフェニルケトン尿症は、たった1つの塩基の違いが、タンパク質の機能の違いを生み、病気の発症に繋がる例ですが、精神疾患や発達障害の場合には、そのような例はごくわずかしかありません（具体的には、レット症候群や脆弱X症候群などの、精神遅滞を伴う発達障害の場合です）。

多数の遺伝子が活躍する脳の発生・発達プログラムにおける、ほんのちょっとした差異が、もしかしたらそれぞれの人の「個性」に繋がっているのかもしれません。私たちは脳の発生・発達や進化の研究を通じて、人間の心のしくみの理解に近づきたいと思っています。そのためには、ヒトそのもののゲノム情報の理解とともに、他の動物のゲノム情報との比較や、モデル動物を用いた実験発生学的検証が重要な戦略になることでしょう。

＊　＊　＊

筑摩書房の伊藤笑子氏より新書執筆のお話を頂いたのは、２００９年にさかのぼります。その後、東日本大震災が起きたことや、伊藤さんの社内異動もあり、企画はいったん途切れそうになったのですが、再び編集部に戻られたのを機に再度ご依頼を頂きました。ご縁があったことに感謝します。丁寧かつ迅速な編集作業をありがとうございました。

一般向けの書籍として、すでに『脳からみた自閉症――「障害」と「個性」のあいだ』（講談社ブルーバックス）を昨年上梓させて頂いたところですが、その中では紙幅の関係により脳の発生・発達について十分に説明できていない部分がありました。また、上記のように、脳の病気を理解する上でも、「進化」という観点は非常に重要だと思っており、脳の進化まで踏み込んでみたいと考えていました。

『脳の誕生――発生・発達・進化の謎を解く』という本書のタイトルは、第10章でも紹介したアンドリュー・パーカーの著書の邦題である『眼の誕生――カンブリア紀大進化の謎を解く』へのオマージュです。新書にしては大上段にも思えますが、脳の発生（30週）、発達（20年）、進化（10億年）という四次元の壮大なドラマを表すには、このくらいの心意気が必要と自負しています。

脳の発生・発達・進化の研究それ自体は「基礎研究」です。そのまま単純に病気の理解や薬の開発に繋がるものではありません。ともすると「応用研究」が重視されがちな昨今の状況ですが、昨年の大隅良典先生（東京工業大学栄誉教授）の「オートファジー」に続き、今年は「概日リズム」の分野を切り拓いた米国の3博士にノーベル生理学医学賞が授与されました。このような基礎研究への理解が広がることを望みます。

本書の執筆にあたり、たくさんの皆様にお世話になりました。紙幅の関係で研究業界の師匠や仲間（老若男女問わず）の名前をすべて挙げることは困難ですが、脳の発生・発達に（そしてたぶん進化にも）重要なPax6との出合いという意味で、東京医科歯科大学名誉教授の江藤一洋先生、現徳島大学学長の野地澄晴先生、アステラス製薬の藤原道夫博士に心からの感謝を申し上げます。進化的な物の見方については、20年前に共著を上梓させて頂いた理化学研究所の倉谷滋博士、東北大学大学院生命科学研究科の田村宏治教授、現同僚の若松義雄准教授や、元同僚で本書でもご紹介した野村真准教授（京都府立医大）からの影響も大きいと思います。ヘッジホッグの発現を表す美しい写真は、東京大学分子細胞生物学研究所の多羽田哲也先生にご供与頂きました。ありがとうございました。

なお、本文中に記載した各研究者の所属先や肩書きは、執筆時点のものであることをおことわりしておきます。

脳の誕生についての本書が読者に、脳に関する新たな視点をもたらすことを願って筆を擱きます。

２０１７年11月　逗子の実家にて

大隅典子

参考文献

ここでは日本語で読める文献のみを取り上げている。さらに詳しい専門書については、それぞれの文献にあたって欲しい。

阿形清和、高橋淑子監訳『ギルバート発生生物学』メディカルサイエンスインターナショナル、2015年
阿形清和文、土橋とし子絵『切っても切ってもプラナリア』岩波書店、2009年
浅野孝雄、藤田哲也著『プシューケーの脳科学――心はグリア・ニューロンのカオスから生まれる』産業図書、2010年
甘利俊一監修、岡本仁編集『脳の発生と発達（シリーズ脳科学4）』東京大学出版会、2008年
井ノ口馨著『記憶をあやつる』角川選書、2015年
井村裕夫著『進化医学――人への進化が生んだ疾患』羊土社、2012年
岩田誠著『ホモ ピクトル ムジカーリス――アートの進化史』中山書店、2017年
内村直之著『われら以外の人類――猿人からネアンデルタール人まで』朝日選書、2005年
大隅典子著『脳からみた自閉症――「障害」と「個性」のあいだ』講談社ブルーバックス、2016年
大隅典子著『脳の発生・発達――神経発生学入門』朝倉書店、2010年
大隅典子「言語の遺伝学的基盤」『言語と生物学』中島平三監修、長谷川寿一編集、朝倉書店、2010

年
大隅典子「V章　脳を育む　脳と脂質の良い関係」『食と脳　脳を知る・創る・守る・育む　シリーズ18』脳の世紀推進会議編、クバプロ、2017年
大隅典子パート監訳 Part Ⅷ「神経発生と行動の発現」エリック・R・カンデル他著『カンデル神経科学』金澤一郎、宮下保司監訳、メディカルサイエンスインターナショナル、2014年
大隅典子「V章　脳と脂質の良い関係」『脳の神秘を探ってみよう　生命科学者21人の特別授業（いのちの不思議を考えよう③）』テルモ生命科学芸術財団「生命科学 DOKIDOKI 研究室」協力、朝日新聞出版、2017年
帯刀益夫著『われわれはどこから来たのか、われわれは何者か、われわれはどこへ行くのか――生物としての人間の歴史』ハヤカワ新書 juice、2010年
工藤佳久著『脳とグリア細胞――見えてきた！脳機能のカギを握る細胞たち（知りたい！サイエンス）』技術評論社、2010年
倉谷滋著『新版　動物進化形態学』東京大学出版会、2017年
倉谷滋、大隅典子著『神経堤細胞――脊椎動物のボディプランを支えるもの』東京大学出版会、1997年
パトリック・ジュースキント著、池内紀訳『香水――ある人殺しの物語』文春文庫、2003年
クリス・ストリンガー、ピーター・アンドリュース著、馬場悠男、道方しのぶ訳『人類進化大全――進化の実像と発掘・分析のすべて』悠書館、2012年
石龍徳著「神経細胞の新生の現場をおさえる（1）海馬の顆粒細胞の観察から」ミクロスコピア25巻第2号、2008年
石龍徳著「神経細胞の新生の現場をおさえる（2）ネズミからヒトの研究へ」ミクロスコピア25巻第3号、

２００８年
石龍徳著「神経細胞の新生の現場をおさえる（３）グリアがニューロンになる話」ミクロスコピア25巻第4号、２００８年
チャールズ・ダーウィン著、浜中浜太郎訳『人及び動物の表情について』岩波文庫、１９９１年
栃内新著『進化から見た病気――「ダーウィン医学」のすすめ』講談社ブルーバックス、２００９年
仲野徹著『エピジェネティクス――新しい生命像をえがく』岩波新書、２０１４年
日本栄養・食糧学会編集『脳と栄養――行動の分子基盤を求めて』建帛社、２００３年
J・A・ノブリヒ著「特集：脳を作る　脳を見る――実験室で誕生　脳オルガノイド」日経サイエンス２０１７年３月号
アンドリュー・パーカー著、渡辺政隆、今西康子訳『眼の誕生――カンブリア紀大進化の謎を解く』草思社、２００６年
福岡伸一著『動的平衡――生命はなぜそこに宿るのか』木楽舎、２００９年
福岡伸一著『新版　動的平衡――生命はなぜそこに宿るのか』小学館新書、２０１７年
藤田哲也著『脳の履歴書――幹細胞と私』岩波書店、２００２年
スヴァンテ・ペーボ著、野中香保子訳『ネアンデルタール人は私たちと交配した』文藝春秋、２０１５年
K・S・ポラード著「DNAに見えた『人間の証し』」日経サイエンス２００９年８月号
ゲアリー・マーカス著、大隅典子訳『心を生みだす遺伝子』岩波現代文庫、２０１０年
松沢哲郎著『想像するちから――チンパンジーが教えてくれた人間の心』岩波書店、２０１１年
ブレンダ・マドックス著、福岡伸一監訳、鹿田昌美訳、『ダークレディと呼ばれて――二重らせん発見とロザリンド・フランクリンの真実』化学同人、２００５年
三中信宏著『系統樹思考の世界』講談社現代新書、２００６年

宮田卓樹、山本亘彦編集『脳の発生学――ニューロンの誕生・分化・回路形成（DOJIN BIOSCIENCE SERIES）』化学同人、2013年
森和俊著『細胞の中の分子生物学　最新・生命科学入門』講談社ブルーバックス、2016年
山極寿一著『家族進化論』東京大学出版会、2012年
柚﨑通介、岡部繁男訳『スタンフォード神経生物学』メディカルサイエンスインターナショナル、2017年
横越英彦編集『脳機能と栄養』幸書房、2004年
吉田重人、岡ノ谷一夫著『ハダカデバネズミ――女王・兵隊・ふとん係』岩波科学ライブラリー、2008年
ニック・レーン著、斉藤隆央訳『生命、エネルギー、進化』みすず書房、2016年
W・R・レナード著「美食が人類を進化させた」日経サイエンス2003年3月号

図版出典

＊写真以外は、下記の出典から一部を改変して掲載しています。

第Ⅰ部扉：著者撮影

図２-１：右図 Slack J: Essential Developmental Biology, 3rd Ed. Weily, 2012

図２-３：高橋将典、脳科学辞典・神経管

図３-２：寺島俊雄著『神経解剖学講義ノート　第１版』金芳堂、2011年

図３-４：多羽田哲也博士（東京大学分子細胞生物学研究所教授）より供与

図３-５：Mark M, Rijli FM and Chambon P: Homeobox Genes in Embryogenesis and Pathogenesis. Pediatric Research 42, 421-429, 1997

図３-７：O'Leary D and Nakagawa Y: Patterning centers, regulatory genes and extrinsic mechanisms controlling arealization of the neocortex. Curr Opin Neurobiol, 12(1), 14025, 2002

図４-３：Sakurai K and Osumi N: The neurogenesis-controlling factor, Pax6, inhibits proliferation and promotes maturation in murine astrocytes. J Neurosci, 28(18): 4604-12, 2008

図４-４：Hevner RF, Hodge RD, Daza RA, Englund C: Transcription factors in glutamatergic neurogenesis: conserved programs in neocortex, cerebellum, and adult hippocampus. Neurosci Res, 55(3), 223-33, 2006

図５-１：Sultan KT, Brown KN, Shi SH: Production and organization of neocortical interneurons. Front Cell Neurosci, 7:221, 2013

図５-２：Cooper JA: A mechanism for inside-out lamination in the neocortex. Trends Neurosci, 31(3), 113-9, 2008

第Ⅱ部扉：FamVeld/PIXTA

図６-１：戸島拓郎博士（理化学研究所）の個人ホームページより http://tojimat.web.fc2.com/research.html

図６-２：Cajal SR: A quelle époque apparaissent les expansions des cellules nerveuses de la moelle épinière du poulet, In Études sur la neurogenèse de quelques vertébrés (Madrid: Tipografía Artística), 1-13. 1929

図６-５：櫻井武、脳科学辞典・トポグラフィックマッピング

図6-6：Giagtzoglou N, Ly CV and Bellen HJ: Cell Adhesion, the backbone of the synapse: "vertebrate" and "invertebrate" perspectives. Cold Spring Harbor Perspectives in Biology, 1(4), a003079, 2009

図8-2：吉村武、脳科学辞典・髄鞘

図8-5：Penzes et al.: Dendritic spine pathology in neuropsychiatric disorders. Nat Neurosci 14(3), 285-293, 2011

図8-6：Takao K. Hensch: Critical period plasticity in local cortical circuits. Nat Reviews Neurosci 6, 877-888, 2005

図9-1：Dekaban, AS and Sadowsky D.: Changes in brain weights during the span of human life: relation of brain weights to body heights and body weights. Ann Neurol, 4, 345-356, 1978

第Ⅲ部扉：hisaun/PIXTA

図10-2：佐藤矩行、野地澄晴、倉谷滋、長谷部光泰著『発生と進化（シリーズ 進化学4）』岩波書店、2004年

図10-4：Liqun Luo, Principles of Neurobiology, Fig. 12-3

図12-1：川崎悟司のオフィシャルブログ「古世界の住人」

図12-2：竹本龍也：神経管および体節中胚葉に分化する体軸幹細胞の制御．領域融合レビュー, 3, e007（2014）©2014 竹本龍也 Licensed under CC 表示 2.1 日本

図12-4：McGraw-Hill Concise Encyclopedia of Bioscience. ©2002 by The McGraw-Hill Companies, Inc.

図12-5：Liqun Luo, Principles of Neurobiology, Fig. 12-5

図12-6：Gerhard Roth und Ursula Dicke. "Evolution of the brain and Intelligence". Trends in Cognitive Sciences（May 2005）

図12-7：Nomura T, Hattori M, Osumi N: Reelin, radial fibers and cortical evolution: Insights from comparative analysis of the mammalian and avian telencephalon. Develop Growth Differ, 51(3): 287-97, 2009

図13-1：Dunbar RIM: The Social Brain: Psychological Underpinnings and Implications for the Structure of Organizations. Current Directions in Psychological Science, vol. 23, 2: pp. 109-114, 2014

図14-1：Science 19 July 2002 Volume 297 Issue #5580

図14-2：Manuel MN, Mi D, Mason JO, Price DJ: Regulation of cerebral cortical neurogenesis by the Pax6 transcription factor. Front. Cell. Neurosci., 9, 70, 2015

図14-3：Lui JH, Hansen DV, Kriegstein AR: Development and evolu-

tion of the human neocortex. Cell, 146(1): 18-36, 2011
図14-4：Oberheim Bush NA, Nedergaard M: Do Evolutionary Changes in Astrocytes Contribute to the Computational Power of the Hominid Brain? Neurochem Res. 2017 Aug 19. doi: 10.1007/s11064-017-2363-0. [Epub ahead of print]

図版作成／朝日メディアインターナショナル株式会社

ちくま新書
1297

脳《のう》の誕生《たんじょう》――発生《はっせい》・発達《はったつ》・進化《しんか》の謎《なぞ》を解《と》く

二〇一七年一二月一〇日 第一刷発行

著者 大隅典子（おおすみ・のりこ）
発行者 山野浩一
発行所 株式会社 筑摩書房
東京都台東区蔵前二-五-三 郵便番号一一一-八七五五
振替〇〇一六〇-八-四一二三
装幀者 間村俊一
印刷・製本 三松堂印刷 株式会社

乱丁・落丁本の場合は、左記宛にご送付ください。
送料小社負担でお取り替えいたします。
ご注文・お問い合わせも左記へお願いいたします。
〒三三一-八五〇七 さいたま市北区櫛引町二-六〇四
筑摩書房サービスセンター 電話〇四八-六五一-〇〇五三

ISBN978-4-480-07101-9 C0245

ちくま新書

363
からだを読む
養老孟司

自分のものなのに、人はからだのことを知らない。たまにはからだのことを考えてもいいのではないか。口から始まって肛門まで、知られざる人体内部の詳細を見る。

361
統合失調症
——精神分裂病を解く
森山公夫

精神分裂病の見方が大きく変わり名称も変わった。発病に至る経緯を解明し、心・身体・社会という統合的視点から、「治らない病」という既存の概念を解体する。

1053
自閉症スペクトラムとは何か
——ひとの「関わり」の謎に挑む
千住淳

他者や社会との「関わり」に困難さを抱える自閉症。その原因は何か。その障壁とはどのようなものか。診断・遺伝・発達などの視点から、脳科学者が明晰に説く。

677
解離性障害
——「うしろに誰かいる」の精神病理
柴山雅俊

「うしろに誰かいる」という感覚を訴える人たちがいる。高じると自傷行為や自殺を図ったり、多重人格が発症することもある。昨今の解離の症状と治療を解説する。

762
双極性障害
——躁うつ病への対処と治療
加藤忠史

精神障害の中でも再発性が高いもの、それが双極性障害（躁うつ病）である。患者本人と周囲の人のために、この病気の全体像と対処法を詳しく語り下ろす。

919
脳からストレスを消す食事
武田英二

バランスのとれた脳によい食事「ブレインフード」が脳のストレスを消す！　老化やうつに打ち克ち、脳の健康を保つための食事法を、実践レシピとともに提示する。

1009
高齢者うつ病
——定年後に潜む落とし穴
米山公啓

60歳を過ぎたあたりから、その年齢特有のうつ病が増加する⁉　老化・病気から仕事・配偶者の喪失などの原因に対処し、残りの人生をよりよく生きるための一冊。

557
「脳」整理法
茂木健一郎
脳の特質は、不確実性に満ちた世界との交渉のなかで得た体験を整理し、新しい知恵を生む働きにある。この科学的知見をベースに上手に生きるための処方箋を示す。

570
人間は脳で食べている
伏木亨
「おいしい」ってどういうこと？ 生理学的欲求、脳内物質の状態から、文化的環境や「情報」の効果まで、さまざまな要因を考察し、「おいしさ」の正体に迫る。

795
賢い皮膚
——思考する最大の〈臓器〉
傳田光洋
外界と人体の境目——皮膚。様々な機能を担っているが、驚くべきは脳に比肩するその精妙で自律的なメカニズムである。薄皮の秘められた世界をとくとご堪能あれ。

879
ヒトの進化 七〇〇万年史
河合信和
画期的な化石の発見が相次ぎ、人類史はいま大幅な書き換えを迫られている。つい一万数千年前まで生きていた謎の小型人類など、最新の発掘成果と学説を解説する。

942
人間とはどういう生物か
——心・脳・意識のふしぎを解く
石川幹人
人間とは何だろうか。古くから問われてきたこの問いに、認知科学、情報科学、生命論、進化論、量子力学などを横断しながらアプローチを試みる知的冒険の書。

950
ざっくりわかる宇宙論
竹内薫
宇宙はどうはじまったのか？ 宇宙は将来どうなるのか？ 宇宙に果てはあるのか？ 過去、今、未来を縦横無尽に行き来し、現代宇宙論をわかりやすく説き尽くす。

954
生物から生命へ
——共進化で読みとく
有田隆也
「生物」＝「生命」なのではない。共進化という考え方、人工生命というアプローチを駆使して、環境とのかかわりから文化の意味までを解き明かす、一味違う生命論。

ちくま新書

958
ヒトは一二〇歳まで生きられる
――寿命の分子生物学
杉本正信
ストレスや放射能、病原体に打ち勝ち長生きする力は誰にでも備わっている。長寿遺伝子や寿命を支える免疫・修復・再生のメカニズムを解明。長生きの秘訣を探る。

970
遺伝子の不都合な真実
――すべての能力は遺伝である
安藤寿康
勉強ができるのは生まれつきなのか？　IQ・人格・お金を稼ぐ力まで、「能力」の正体を徹底分析。行動遺伝学の最前線から、遺伝の隠された真実を明かす。

986
科学の限界
池内了
原発事故、地震予知の失敗は科学の限界を露呈した。科学に何が可能で、何をすべきなのか。科学者の倫理を問い直し「人間を大切にする科学」への回帰を提唱する。

1231
科学報道の真相
――ジャーナリズムとマスメディア共同体
瀬川至朗
なぜ科学ジャーナリズムで失敗が起こり、読者の不信感を引起こすのか？　原発事故・ＳＴＡＰ細胞・地球温暖化など歴史的事例から、問題発生の構造を徹底検証。

1264
汗はすごい
――体温、ストレス、生体のバランス戦略
菅屋潤壹
もっとも身近な生理現象なのに誤解されている汗。大量の汗で痩身も解熱もしない。でも上手にかけばメリットも多い。温熱生理学の権威が解き明かす汗のすべて。

1289
ノーベル賞の舞台裏
共同通信ロンドン支局取材班編
人種・国籍を超えた人類への貢献というノーベルの理想、しかし現実は。名誉欲や政治利用など、世界最高の権威ある賞の舞台裏を、多くの証言と資料で明らかに。

981
脳は美をどう感じるか
――アートの脳科学
川畑秀明
なぜ人はアートに感動するのだろうか。モネ、ゴッホ、フェルメール、モンドリアン、ポロックなどの名画を題材に、人間の脳に秘められた最大の謎を探究する。

ちくま新書

802
心理学で何がわかるか
村上宣寛
性格と遺伝、自由意志の存在、知能のはかり方……。これらの問題を考えるには科学的方法が必要だ。俗説や疑似科学を退け、本物の心理学を最新の知見で案内する。

887
キュレーションの時代
――「つながり」の情報革命が始まる
佐々木俊尚
テレビ・新聞・出版・広告――マスコミ消滅後、情報はどう選べばいいか？　人の「つながり」で情報を共有する時代の本質を抉る、渾身の情報社会論。

896
一億総うつ社会
片田珠美
いまや誰もがうつになり得る時代になった。「心の風邪」が蔓延する背景には過剰な自己愛と、それを許す社会の病理がある。薬に頼らずに治す真の処方箋を提示する。

317
死生観を問いなおす
広井良典
社会の高齢化にともなって、死がますます身近な問題になってきた。宇宙や生命全体の流れの中で、個々の生や死がどんな位置にあり、どんな意味をもつのか考える。

1126
骨が語る日本人の歴史
片山一道
縄文人は南方起源ではなく、じつは「弥生人顔」も存在しなかった。骨考古学の最新成果に基づき、歴史学の通説を科学的に検証。日本人の真実の姿を明らかにする。

1227
ヒトと文明
――狩猟採集民から現代を見る
尾本恵市
人類はいかに進化を遂げ、文明を築き上げてきたか。遺伝人類学の大家が、人類の歩みや日本人の起源を多角的に検証。狩猟採集民の視点から現代の問題を照射する。

1291
日本の人類学
山極寿一
尾本恵市
人類はどこから来たのか？　ヒトはなぜユニークなのか？　東大の分子人類学と京大の霊長類学を代表する二大巨頭が、日本の人類学の歩みと未来を語り尽くす。

1287-1
人類5000年史Ⅰ
――紀元前の世界
出口治明
人類五〇〇〇年の歩みを通読する、新シリーズの第一巻、ついに刊行! 文字の誕生から知の爆発の時代まで紀元前三〇〇〇年の歴史をダイナミックに見通す。

1269
カリスマ解説員の 楽しい星空入門
永田美絵
八板康麿
矢吹浩
晴れた夜には、夜空を見上げよう! 星座の探し方から、神話や歴史、宇宙についての基礎的な科学知識まで。カリスマ解説員による紙上プラネタリウムの開演です!

1255
縄文とケルト
――辺境の比較考古学
松木武彦
新石器時代、大陸の両端にある日本とイギリスは独自の非文明型の社会へと発展していく。二国を比較することでわかるこの国の成り立ちとは? 驚き満載の考古学!

1251
身近な自然の観察図鑑
盛口満
道ばたのタンポポ、公園のテントウムシ、台所の果物……身の回りの「自然」は発見の宝庫! わかりやすい文章と精細なイラストで、散歩が楽しくなる一冊!

1248
めざせ達人! 英語道場
――教養ある言葉を身につける
斎藤兆史
読解、リスニング、会話、作文……英語学習の本質をコンパクトに解説し、「英語の教養」を理解し、発信できるレベルを目指す。コツを習得し、めざせ英語の達人!

1239
知のスクランブル
――文理的思考の挑戦
日本大学文理学部編
文系・理系をあわせ持つ、文理学部の研究者たちが結集。18名の研究紹介から、領域横断的な「知」の可能性が見えてくる。執筆者:永井均、古川隆久、広田照幸ほか。

1222
イノベーションはなぜ途絶えたか
――科学立国日本の危機
山口栄一
かつては革新的な商品を生み続けていた日本の科学産業はなぜダメになったのか。シャープの危機や日本政府のベンチャー育成制度の失敗を検証。復活への方策を探る。

ちくま新書

757
サブリミナル・インパクト
――情動と潜在認知の現代
下條信輔
巷にあふれる過剰な刺激は、私たちの情動を揺さぶり潜在脳に働きかけて、選択や意思決定にまで影を落とす。心の潜在性という沃野から浮かび上がる新たな人間観とは。

339
「わかる」とはどういうことか
――認識の脳科学
山鳥重
人はどんなときに「あ、わかった」「わけがわからない」などと感じるのか。そのとき脳では何が起こっているのだろう。認識と思考の仕組みを説き明す刺激的な試み。

434
意識とはなにか
――〈私〉を生成する脳
茂木健一郎
物質である脳が意識を生みだすのはなぜか？　すべてを感じる存在としての〈私〉とは何ものか？　人類に残された究極の問いに、既存の科学を超えて新境地を展開！

1217
図説 科学史入門
橋本毅彦
天体、地質から生物、粒子へ。新たな発見、分類、一般に認知されるまで様々な人間模様を経て、科学は発展したのである。それらを美しい図像に基づいて一望する。

1203
宇宙からみた生命史
小林憲正
生命誕生の謎を解き明かす鍵は「宇宙」にある。惑星探索や宇宙観測によって判明した新事実と、従来の化学進化的プロセスをあわせ論じて描く最先端の生命史。

1018
ヒトの心はどう進化したのか
――狩猟採集生活が生んだもの
鈴木光太郎
ヒトはいかにしてヒトになったのか？　道具・言語の使用、文化・社会の形成のきっかけは狩猟採集時代にあった。人間の本質を知るための進化をめぐる冒険の書。

1256
まんが 人体の不思議
茨木保
本当にマンガです！　知っているようで知らない私たちの「からだ」の仕組みをわかりやすく解説する。病院での専門用語でとまどってもこれを読めば安心できる。